Alea iacta est

Peter P. Eckstein

# Alea iacta est

## Faszinierende Geheimnisse eines ungewöhnlichen Spielwürfels

UVK Verlagsgesellschaft mbH Konstanz · München

Prof. em. Dr. habil. Peter P. Eckstein lehrte bis 2016 am Fachbereich Wirtschafts- und Rechtswissenschaften der HTW Berlin Statistik, Ökonometrie und Empirische Wirtschaftsforschung

Bibliografische Information der Deutschen Bibliothek
Die Deutsche Bibliothek verzeichnet diese Publikation in der Deutschen Nationalbibliografie; detaillierte bibliografische Daten sind im Internet über <http://dnb.ddb.de> abrufbar.

ISBN 978-3-86764-757-1 (Print)
ISBN 978-3-7398-0235-0 (EPUB)
ISBN 978-3-7398-0236-7 (EPDF)



Einbandgestaltung: Susanne Fuellhaas, Konstanz
Einbandmotiv: iStock Ltd. - Sergey Lagutin

UVK Verlagsgesellschaft mbH
Schützenstraße 24 · 78462 Konstanz
Tel. 07531-9053-0 · Fax 07531-9053-98
www.uvk.de

# Vorwort

Es ist an der Berliner Hochschule für Technik und Wirtschaft seit nunmehr bereits fünfzehn Jahren eine ehrwürdige und erwartungsgeladene Tradition geworden, jeweils zum Ausklang eines Kalenderjahres sowohl Studierende (die zumindest dem lateinischen Wortursprung nach Wissbegierige sind) als auch interessierte Persönlichkeiten aus Wissenschaft, Wirtschaft und Verwaltung in das Auditorium Maximum zur sogenannten Weihnachtsvorlesung einzuladen (und stets auch zahlreich begrüßen zu dürfen). Institution und Intention einer sogenannten Weihnachtsvorlesung bestehen vor allem darin, „einmal über den Tellerrand der klassischen und fachbezogenen akademischen Lehre hinaus zu schauen" und Themen anschaulich aufzugreifen, die entweder von aktueller und/oder gesellschaftlicher Relevanz sind oder einem allgemeinbildenden Ansatz folgen.

Ein bildungsorientierter Ansatz war auch das Leitmotiv für die Weihnachtsvorlesung 2015, die zugleich meine Abschiedsvorlesung an meiner *Alma Mater Berolinensis* war, an der ich dreiundzwanzig Jahre lehren und forschen durfte. Der mit dem Titel des vorliegenden Essays identische und gewiss nicht alltägliche Vorlesungstitel bediente sich der mehrdeutig interpretierbaren Metapher von einem „Würfel, der endgültig gefallen ist". Den theoretischen Hintergrund bildete ein Spielwürfel, auf dessen sechs Seiten keine Augenzahlen, sondern die neutrale Zahl Null, die natürliche Zahl Eins, die irrationale Zahl Phi, die irrationalen und transzendenten Zahlen e und Pi sowie die imaginäre Einheit i vermerkt sind. Allein anhand der sechs auf diesem ungewöhnlichen Spielwürfel vermerkten Zahlen wurde eine Vielzahl von numerischen Erscheinungsbildern angeboten, die allgemein Bekanntes, Lehrreiches, Wissenswertes, Bemerkenswertes, Erstaunliches, Faszinierendes, Skurriles und mitunter auch Mystisches augenscheinlich werden lassen. Das einhellige Votum des wissensdurstigen und hochgradig neugierigen Auditoriums kulminierte in der inständigen Bitte, diese Fülle an Informationen in einer essayistischen und „schwarz auf weiß" gedruckten Form bereitzustellen, um ein nochmaliges Nachschlagen und Nachlesen zu ermöglichen. Dies ist hiermit geschehen.

Im Kontext der essayistischen Abhandlungen stehen im ersten Kapitel Betrachtungen eines gewöhnlichen Spielwürfels im Vordergrund. Das zweite Kapitel widmet sich der Darstellung und Erläuterung der auf dem ungewöhnlichen und magisch wirkenden Hexaeder vermerkten sechs Zahlensymbole. Darin eingeschlossen sind neben einer elementaren Darstellung mathematischer und statistischer Sachverhalte vor allem historische Notizen und Wortursprungserklärungen. Das dritte Kapitel, das mit dem Titel „Konzertante Auftritte eines Zahlensextetts" überschrieben ist, bildet das Kernstück der essayistischen Abhandlungen. Dabei werden die sechs Zahlen in ihrem konzertanten Zusammenwirken auf unterschiedlichen Ebenen und praktischen Sachverhalten näher beleuchtet. Der interessierte Leser muss bei diesen Abhandlungen nicht befürchten, einen „schwerverdaulichen Zahlensalat kauen und schlucken" zu müssen. Im Gegenteil: Er wird mitunter erstaunt sein, wie vielfältig und faszinierend das Zusammenspiel dieser sechs Zahlen allein in alltäglichen Phänomen und praktischen Anwendungen ist. Die paradigmatischen Betrachtungen umspannen ein weites Wissensfeld, das von mathematischen über statistische, historische, literarische, musikalische, kunstgeschichtliche und sprachwissenschaftliche bis hin zu etymologischen Notizen reicht. Es steht dabei außerhalb jeglichen Zweifels, dass die vermerkten „konzertanten Auftritte des Zahlensextetts" wiederum nur einen Auszug aus einem schier unerschöpflichen Fundus darstellen.

In diesem Zusammenhang gilt mein besonderer Dank meiner geliebten Gattin, die nicht nur die einzelnen zahlenbezogenen Betrachtungen stets „kritisch beäugen", sondern auch meine „geistige Abwesenheit" im Zuge der Ausfertigungen ertragen musste. Gleichsam zu einem herzlichen Dank verpflichtet bin ich Herrn Dr. Jürgen SCHECHLER für die Betreuung des vorliegenden Buches seitens des UVK Verlages sowie meinen verehrten Kolleginnen und Kollegen, die mit mir gemeinsam in jüngster Vergangenheit stets zuverlässig und selbstlos den akademischen Alltag meisterten. Es sind dies die Damen Professor Dr. Monika KUMMER, Professor Dr. Irina PENNER, Professor Dr. Brigitte CLEMENS-ZIEGLER, Diplom-Kauffrau Ramona VOSHAGE, Stud. oec. Michela CICISMONDO sowie die Herren Dr. habil. Manfred MOCKER, Dr. Gerhard BUROW, Dr. Jilla SIASSI, Diplom-Wirtschaftsinformatiker Frank STEINKE, Professor Dr. Friedrich HARTL, Professor Dr. Rudolf SWAT, Professor Dr. Tilo WENDLER, Professor Dr. Wilhelm SCHMEISSER, Professor Dr. Wolfgang SINGER, Professor Dr. Ronald PÖRNER und Professor Dr. Peter SCHWARZER.

Inwieweit allerdings der vorliegende Essay im wahren Sinn des Wortes eine Abhandlung in knapper, geistvoller und allgemeinverständlicher Form darstellt, bleibt dem kritischen Urteil des interessierten Lesers überlassen. Zumindest war es die Intension des Verfassers.

Für meine Enkelsöhne Max und Johannes

Schönwalde, Oktober 2016

Peter P. ECKSTEIN

# Inhalt

# 1 Betrachtungen eines gewöhnlichen Spielwürfels

## 1.1 Interessante geometrische Einblicke

Ein Bild ersetzt mitunter viele wohlgesetzte Worte: In Anlehnung an die Abbildung 1 stelle man sich einmal vor, ein „alter Germane" würfe einen solchen eckigen Stein.

**Abb. 1: Würfeln**

Beachtenswert sind in diesem Kontext zwei Notizen: Zum einen lässt sich in der deutschen Sprache das Verbum „würfeln" als Tätigkeitswort aus dem Verbum „werfen" herleiten, da der Konjunktiv II von „werfen" mit „würfe" zu vermerken ist. Zum anderen wird der geworfene und mit eingekerbten Augen gekennzeichnete eckige Stein umgangssprachlich mit dem Etikett eines Spielwürfels versehen und in der sogenannten Stereometrie der in der Abbildung 2 plakatierten Familie der fünf sogenannten regulären Polyeder zugeordnet.

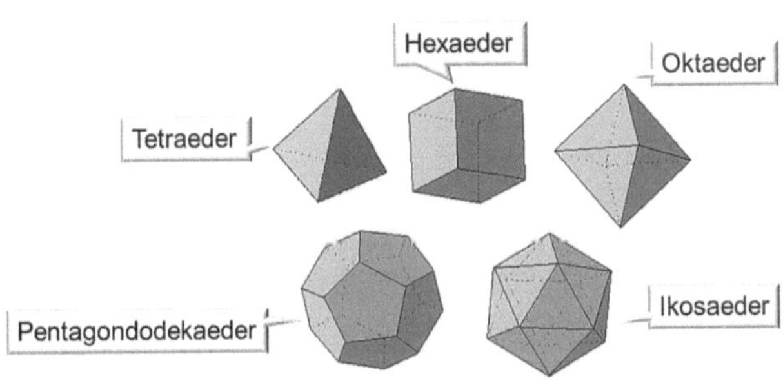


**Abb. 2: Die fünf regulären Polyeder**

In der Stereometrie, die gemäß ihrem griechischen Wortursprung die Lehre von der Messung und Berechnung von Körpern ist, kennzeichnet man die fünf regelmäßigen Vielflächner auch als platonische Polyeder, da sie zum einen von regelmäßigen und deckungsgleichen vieleckigen Flächen begrenzt werden und zum anderen an jeder Ecke gleichviele Kanten zusammentreffen.[1]

**Abb. 3: Spielwürfel**

Aufgrund dessen, dass analog zur Abbildung 3 ein gewöhnlicher Spielwürfel durch sechs kongruente und quadratische Flächen getragen wird, kennzeichnet man ihn in Anlehnung an das Griechische *hex* für „sechs“ und *herda* für „Fläche“ als ein Hexaeder, das als ein Sechsflächner zudem noch acht Ecken, in denen jeweils drei kongruente Quadrate zusammentreffen, und zwölf Kanten von jeweils gleicher Länge besitzt.

In diesem Zusammenhang erweist sich ein kurzer Blick auf die Briefmarke innerhalb der Abbildung 4 als interessant.

**Abb. 4: Polyederformel**

[1] Zu den fünf regemäßigen Körpern oder Vielflächnern, die vermutlich in Würdigung des griechischen Philosophen PLATON (* 427 v.Chr., † 348/347 v.Chr.) auch als platonische Polyeder bezeichnet werden, gehören das Tetraeder als ein Vierflächner, das Hexaeder als ein Sechsflächner, das Oktaeder als ein Achtflächner, das Pentagondodekaeder als ein Zwölfflächner sowie das Ikosaeder als ein Zwanzigflächner. Vgl. Kleine Enzyklopädie Mathematik, VEB Bibliographisches Institut Leipzig 1977, 8.5 Polyeder, Seite 211 ff und Brockhaus Enzyklopädie in 30 Bänden, 21., völlig neu bearbeitete Auflage, Leipzig, Mannheim 2006, Band 21, Seite 558 ff

Es war im Jahr 1983, als die Post der DDR im Wert von 20 Pfennigen eine Briefmarke in Erinnerung an das 200 Jahre zurückliegende Todesjahr des bedeutenden Mathematikers Leonhard EULER (*1707, †1783) herausgab. Neben der geometrischen Figur eines Ikosaeders als ein Zwanzigflächner ist auf der Briefmarke die leicht zu übersehende Gleichung

$$e - k + f = 2$$

vermerkt, die zu Ehren von EULER auch als Eulersche Polyederformel oder als Eulerscher Polyedersatz bezeichnet wird, gleichwohl vermutlich schon der legendäre Mathematiker der griechischen Antike ARCHIMEDES von Syrakus (*ca. 287 v.Chr., † 212 v.Chr.) und mit Gewissheit der französische Mathematiker René DESCARTES (*1596, †1650) den sogenannten Polyedersatz gekannt haben.[2] Demnach gilt für platonische oder reguläre Polyeder die folgende Regel: Anzahl der Ecken e minus Anzahl der Kanten k plus Anzahl der Flächen f ist gleich zwei.

Gemäß Abbildung 3 gilt für ein regelmäßiges Hexaeder in Gestalt eines gewöhnlichen sechsseitigen Spielwürfels

$$e - k + f = 8 - 12 + 6 = 2.$$

Die Polyederformel kann man sich auch anhand der restlichen vier regelmäßigen Vielflächner verdeutlichen. Während für ein Tetraeder als einen Vierflächner

$$e - k + f = 4 - 6 + 4 = 2$$

gilt, gelangt man für ein Oktaeder als einen Achtflächner wegen

$$e - k + f = 6 - 12 + 8 = 2,$$

für ein Pentagondodekaeder in Gestalt eines Zwölfflächners wegen

$$e - k + f = 20 - 30 + 12 = 2$$

und für ein Ikosaeder im Erscheinungsbild eines Zwanzigflächners wegen

$$e - k + f = 12 - 30 + 20 = 2$$

stets zu einem gleichen Resultat. In Erinnerung an die eigene Gymnasialzeit hätte der „Mathepauker“ die fünf auf der Polyederformel beruhenden Berechnungen noch mit der Abkürzung q.e.d. geschmückt, die gemäß dem Lateinischen *quod erat demonstrandum* für den finalen Kommentar „was zu zeigen war“ steht.

---

[2] Vgl. Kleine Enzyklopädie Mathematik, VEB Bibliographisches Institut Leipzig 1977, 8.5 Polyeder, Seite 212

## 1.2 Die Augenzahlen und ihre exakten Geheimisse

Einen weiteren und nicht minder interessanten Einblick in die exakten Geheimnisse eines gewöhnlichen Spielwürfels gewährt das Ensemble der eingekerbten Augen, welche als „Augenmengen“ analog zur Abbildung 5 mit Hilfe der natürlichen Zahlen von eins bis sechs dargestellt und beschrieben werden können.

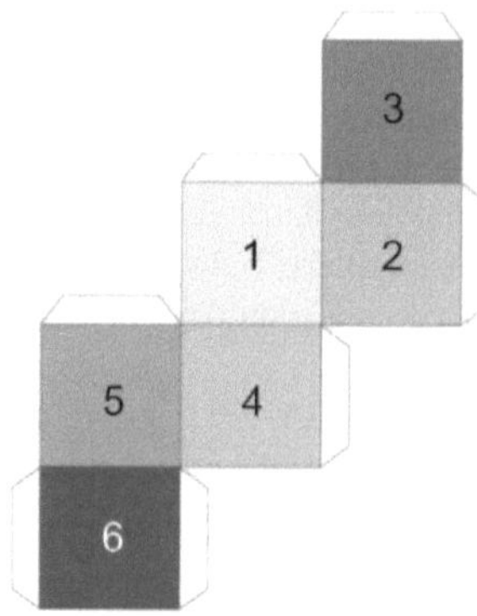


**Abb. 5: Augen(an)zahlen**

Beachtenswert ist dabei, dass die innerhalb der Abbildung 5 angebotene Zuordnung der ersten sechs natürlichen Zahlen auf die sechs kongruenten bzw. deckungsgleichen Flächen in Gestalt von sechs Quadraten nur eine von insgesamt 720 möglichen Anordnungen darstellt.

Im Blickwinkel der Kombinatorik, die gemäß ihrem lateinischen Wortursprung die Lehre von der Zusammenstellung von Elementen ist, kann die Anzahl der möglichen Augenzahlanordnungen als eine Permutation von sechs Elementen ohne Wiederholung dargestellt werden, wobei im konkreten Fall

$$1 \cdot 2 \cdot 3 \cdot 4 \cdot 5 \cdot 6 = 6! = 720$$

gilt.[3] Die verkürzende Notation 6! (*lies: 6 Fakultät*) in Gestalt des Produkts der natürlichen Zahlen von eins bis sechs geht auf den französischen Mathematiker Christian KRAMP (*1760, †1826) zurück.

---

[3] Eine elementare und paradigmatische Einführung in die Kombinatorik findet man unter anderem bei ECKSTEIN, Peter P.: Repetitorium Statistik, Deskriptive Statistik – Stochastik - Induktive Statistik, 8., aktualisierte und erweiterte Auflage, Springer Gabler Wiesbaden 2014, Seite 176 ff.

Würde man analog zur Abbildung 5 die plakatierte Augenzahlzusammenstellung in Gestalt eines sogenannten Flächennetzes mit einer Schere ausschneiden und die erhaltene Vorlage zusammenfalten, erhielte man ein Hexaeder mit einer beachtenswerten Anordnung der Augenzahlen, die der Anschaulichkeit halber in der Abbildung 6 bildhaft dargestellt ist.

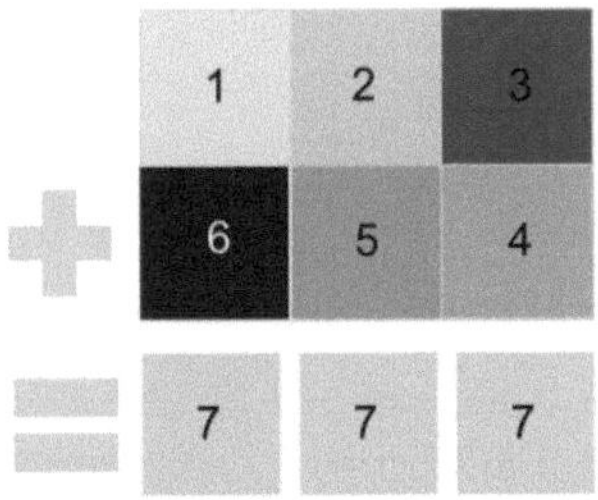


**Abb. 6: Augenpaarsummen**

Die drei Augenzahlpaare (1; 6) und (2; 5) sowie (3; 4) symbolisieren jeweils zwei sich auf der gegenüberliegenden Seite des Spielwürfels eingekerbte Augenzahlen, deren Summe jeweils sieben ergibt. Jedes Augenzahlpaar ist dabei ein Zahlenbündel, das aus einer ungeraden und einer geraden natürlichen Zahl besteht. In der Mathematik heißen natürliche Zahlen gerade, wenn sie ohne Rest durch zwei teilbar sind. Ansonsten heißen sie ungerade. Der Volksmund würde diesen Tatbestand vermutlich und lakonisch wie folgt verlauten lassen: So wie sich im normalen Leben ein Männlein mit einem Weiblein paart, so paart sich auf einem gewöhnlichen Spielwürfel eine ungerade mit einer geraden Augenzahl.

Dass die Summe aller sechs Augenzahlen eines gewöhnlichen Spielwürfels wegen

$$7 + 7 + 7 = 3 \cdot 7 = 21$$

ergibt, ist offensichtlich und leicht nachvollziehbar.

Was beim Betrachten der Abbildung 6 vermutlich nicht sofort augenscheinlich wird, ist ein faszinierendes und allgemeingültiges Konstruktionsprinzip, das dem bedeutenden deutschen Mathematiker Carl Friedrich GAUß (*1777, †1855) zugeordnet wird und daher in der Mathematik auch unter dem Begriff „Gaußsche Summenformel“ firmiert.

Der Legende nach soll ausgangs des 18. Jahrhunderts im ärmsten Viertel der Stadt Braunschweig im Herzogtum Hannover ein gern prügelnder Schullehrer namens BÜTTNER seinen Schülern am liebsten Rechenaufgaben gestellt haben, an denen sie lange arbeiten mussten und die kaum ohne Fehler zu lösen waren, so dass es zum Schluss einen Anlass gab, den Schlagstock hervorzuholen, da ihm das Zuschlagen Spaß machte. Eine dieser Aufgaben bestand darin, die Zahlen von eins bis einhundert zusammenzuzählen. Zu des Lehrers Entsetzen soll nach gerade einmal drei Minuten der kleine und schüchterne Schüler GAUß mit seiner Schiefertafel, auf der nur eine einzige Zeile geschrieben war, vor dem Lehrerpult gestanden haben: „50 mal 101 macht 5050".[4]

| 1 | 2 | 3 | 4 | 5 | … | 47 | 48 | 49 | 50 |
|---|---|---|---|---|---|---|---|---|---|
| 100 | 99 | 98 | 97 | 96 | … | 54 | 53 | 52 | 51 |
| 101 | 101 | 101 | 101 | 101 | … | 101 | 101 | 101 | 101 |

**Abb. 7: Fünfzig mal einhunderteins**

Einmal unterstellt, dass in Anlehnung an die Abbildungen 6 und 7 der kleine GAUß auf seiner Schiefertafel lediglich drei Zahlenzeilen vermerkt hätte, indem er einfach in der ersten Zeile die natürlichen Zahlen von eins bis fünfzig und in der zweiten Zeile in umgekehrter Richtung, also von rechts nach links, die natürlichen Zahlen von einundfünfzig bis einhundert notiert hätte, dann wird augenscheinlich, dass deren spalten- und paarweise Summation stets das in der dritten Zeile vermerkte Ergebnis von einhunderteins liefert, so dass sich das Endergebnis auf fünfzig (bzw. hundert Halbe) mal hunderteins gleich fünftausendfünfzig beläuft.

Spätestens an dieser Stelle leuchtet die nachfolgend notierte und allgemein übliche Darstellung der Gaußschen Summenformel

$$\mathrm{S} = \frac{n \cdot (n+1)}{2}$$

ein, wobei n eine beliebige natürliche Zahl und S die Summe der natürlichen Zahlen von 1 bis n symbolisieren.

Im Hinblick auf einen gewöhnlichen Spielwürfel ist wegen n = 6 und

$$\mathrm{S} = \frac{6 \cdot (6+1)}{2} = \frac{42}{2} = 21$$

die Summe der sechs Augenzahlen einundzwanzig und wegen n = 100 und

$$\mathrm{S} = \frac{100 \cdot (100+1)}{2} = \frac{10100}{2} = 5050$$

die Summe der ersten hundert natürlichen Zahlen fünftausendfünfzig.

---

[4] Vgl. KEHLMANN, Daniel: Die Vermessung der Welt, Roman, Rowohlt Taschenbuch Verlag Hamburg 2005, Kapitel „Der Lehrer", Seite 53 ff

## 1.3 Ein ungewöhnliches Geschenk

Der interessierte Leser wird bereits an dieser Stelle die Vermutung nicht los, dass mit den bisher angebotenen elementaren mathematischen Einblicken die Mannigfaltigkeit von Spielwürfelbetrachtungen bei weitem noch nicht erschöpft ist.

Bereits eine flüchtige Betrachtung der Abbildung 8 bekräftigt die vage und mit dem Stoßseufzer „bloß nicht" akustisch verstärkte Vermutung.

**Abb. 8: Ein ungewöhnlicher Spielwürfel**

In Erinnerung an die Abbildung 1 stelle man sich nunmehr vor, ein „alter Germane" würfe (historisch zweifelhaft und nicht plausibel begründbar, dafür aber vermutlich biertrunken) einen solchen eckigen Stein, der ein kleines und doch so interessantes Geschenk „vom Töchterchen für's Väterchen" war.

Dieser ungewöhnliche und in einem ersten Augenblick magisch erscheinende Spielwürfel, der auch mit den Etiketten „Mathewürfel" oder „Math-Dice" versehen und angeboten wird, soll in Anlehnung an das biblische Gleichnis vom „köstlichen Eckstein" nunmehr den markanten und „tragenden Grundstein" der weiteren essayistischen Abhandlungen bilden.[5]

Betrachtet man den in der Abbildung 8 plakatierten Sechsflächner mit all seinen symbolhaft etikettierten Flächen etwas näher, dann erscheint im Hinblick auf das zweite Kapitel die indizierte Kapitelüberschrift vom „magischen Hexaeder" durchaus als gerechtfertigt, zumal etwas Magisches seinem griechischen Wortursprung gemäß ein geheimnisvolles und zauberhaftes Etwas kennzeichnet.

---

[5] „Darumb spricht der Herr HERR, Sihe, Ich lege in Zion einen Grundstein, einen bewerten Stein, einen köstlichen Eckstein, der wol gegründet ist, Wer gleubt, der fleugt nicht.", in: LUTHER, Martin: Bibel „Die gantze heilige Schrifft", Der komplette Originaltext von 1545 in modernem Schriftbild, Band 2, Der Prophet Jesaia, Psalm XXVIII, 16, Seite 1210.

Im Unterschied zu einem gewöhnlichen Spielwürfel werden bei diesem ungewöhnlichen Sechsflächner die sechs quadratischen Flächen nicht mit sechs verschiedenen Augenanzahlen, sondern mit sechs verschiedenen Symbolen geschmückt:

- mit dem Symbol 0 zur Kennzeichnung der neutralen Zahl Null.
- mit dem Symbol 1 zur Kennzeichnung der ersten und kleinsten natürlichen Zahl Eins.
- mit dem Symbol $\phi$ zur Kennzeichnung der irrationalen Zahl des goldenen Verhältnisses Phi.
- mit dem Symbol e zur Kennzeichnung der irrationalen und transzendenten Eulerschen Zahl e.
- mit dem Symbol $\pi$ zur Kennzeichnung der irrationalen und transzendenten Kreiszahl Pi.
- und schlussendlich mit dem Symbol $i$ zur Kennzeichnung der sogenannten imaginären Einheit.

Zumindest ist damit vorerst einmal geklärt, was in einem wahren Sinn des Wortes die „schwarz auf weiß" auf dem sechsseitigen und ungewöhnlich erscheinenden Spielwürfel vermerkten Symbole im Einzelnen kennzeichnen.

Vor allem im Hinblick auf erhaltene Geschenke hat der Volksmund eine Empfehlung parat, die sich mitunter, aber nicht immer als hilfreich erweist: „Einem geschenkten Gaul guckt man nicht in´s Maul." Doch hier ist analog zur Abbildung 8 im Sinne einer explorativen, also einer erforschenden und ergründenden Betrachtung genau das Gegenteil geboten: Sich auf der Suche nach überzeugenden und erhellenden Antworten auf die Frage, welche exakten und zugleich faszinierenden Geheimnisse hinter diesen Symbolen verborgen liegen, sogar einer Lupe zu bedienen.

Dabei stehen neben historischen Notizen und etymologischen[6] Hinweisen vor allem elementare mathematische und statistische Erläuterungen sowie anschauliche praktische Anwendungen im Vordergrund der essayistischen Abhandlungen. Dass die angebotenen Abhandlungen nur als punktuelle Betrachtungen eines weiten und schier unbegrenzten Feldes angesehen werden können, liegt dabei auf der Hand und bedarf eigentlich keines weiteren Kommentars.

---

[6] Die angebotenen Wortursprungserklärungen beruhen auf WAHRIG, Gerhard: Deutsches Wörterbuch, 6., neu bearbeitete Auflage, Auf der Grundlage der neuen amtlichen Rechtschreibregeln, Bertelsmann Lexikon Verlag Gütersloh 1997

# 2 Ein magisches Hexaeder

Auf einen ersten Blick hin wird man die nachfolgenden und im Sinne eines Prologs einführenden und anregenden Worte vermutlich als eigenartig und theatralisch zugleich deuten. Wenn dies so ist, haben sie ihren Zweck erfüllt.

In Anlehnung an die Studierzimmerszene im „Faust – Der Tragödie ersten Teil" des sprachgewaltigen Genius der deutschen Dichtkunst Johann Wolfgang von GOETHE (*1749, †1832) soll einmal der folgende modifizierte Dialog zwischen Faust und Mephistopheles stattfinden:[7]

Mephistopheles.
Gesteh´ ich´s nur, dass ich hinausspaziere,
Verbietet mir ein kleines Hindernis,
Der Würfel dort auf Eurer Schwelle …
Faust.
Das Hexaeder macht Dir Pein?
Ei, sage mir, du Sohn der Hölle,
Wenn das dich bannt,
wie kann das sein?
Doch warte! Zu deinem Trost gesteh´ ich Dir,
wahrlich, da bist Du nicht allein!

Zumindest hat man mit der Metapher vom ungewöhnlichen Spielwürfel und vom magischen Hexaeder eine originelle und nachvollziehbare Begründung für die Kapitelüberschrift gefunden.

---

[7] Bei GOETHE steht kein Würfel, sondern ein Drudenfuß, auch Pentagramma genannt, in Gestalt eines fünfzackigen Sterns im Zentrum des originären Dialogs:
Mephistopheles.
Gesteh´ ich´s nur, dass ich hinausspaziere,
Verbietet mir ein kleines Hindernis,
Der Drudenfuß auf Eurer Schwelle …
Faust.
Das Pentagramma macht Dir Pein?
Ei, sage mir, du Sohn der Hölle,
Wenn das dich bannt,
Wie kamst du denn herein?
Vgl. Goethe - Faust, Der Tragödie erster und zweiter Teil, Urfaust, Herausgegeben und kommentiert von Erich Trunz, 16., überarbeitete Auflage, Verlag C. H. Beck München 1996, Studierzimmerszene, Seite 48 ff.

## 2.1 Die neutrale Zahl Null

Die nachfolgenden Betrachtungen im Kontext dieses Kapitels können als eine kurzgefasste Laudatio auf eine omnipräsente und dabei oft verkannte sowie missachte Zahl interpretiert werden.

Allein in unserer Alltagsprache wird zum Beispiel mit der Redewendung „null und nichtig“ die Zahl Null als „Maß des Nichts“ eher herablassend als würdigend erwähnt. Und dies, wie sich zeigen wird, zu Unrecht.

Nicht umsonst wird analog zu den Abbildungen 8 und 9 der Zahl Null auf dem in Rede stehenden und aus mathematischer Sicht elitär anmutenden Hexaeder eine eigene Fläche eingeräumt und zugewiesen.

**Abb. 9: Null**

Selbst in äußerst interessanten und notablen Essays und Büchern werden die historischen und exakten Geheimnisse der Zahl Null sowohl faszinierend als auch würdigend dargestellt und erhellt.[8]

Allerdings ist aus historischer Sicht das Erscheinungsbild der Zahl Null als der Ziffer bzw. der Zahl des Nichts mitunter verwirrend und nur bedingt belegbar.

Im Blickwinkel der Geschichte der Zahl Null sollen einmal nur zwei Persönlichkeiten eine würdigende Erwähnung finden: zu einen der choresmische Universalgelehrte Muhammed Ibn Musa AL-CHWARIZMI (*um 780, †um 850) und zum anderen der italienische Kaufmann Leonardo FIBONACCI (*um 1175, †1241).

Es war im Jahr 1983 als die sowjetische Post anlässlich des (historisch nicht verbrieften) 1200-jährigen Geburtsjubiläums von Muhammed AL-CHWARIZMI die in der Abbildung 10 dargestellte Briefmarke im Wert von vier Kopeken herausgab.

AL-CHWARIZMI, der seine wissenschaftlichen Erkenntnisse in arabischer Sprache schriftlich fixierte, gab mit dem arabischen Begriff *as-sifre* in seiner wörtlichen

---

[8] Lediglich zwei einschlägige Bücher sollen hier angezeigt und empfohlen werden: Zum einen KAPLAN, Robert: Die Geschichte der Null, Mit Illustrationen von Ellen Kaplan, Aus dem Englischen von Andreas Simon, 3. Auflage, Piper Verlag GmbH, München 2004 und zum anderen SEIFE, Charles: Zero – The Biography of a Dangerous Idea, Drawings by Matt Zimet, Penguin Books, New York 2000.

Übertragung als „das Leere“ nicht nur der Zahl Null, sondern auch mit dem Begriff *al-dschebr* in seiner Übersetzung „getrennte Teile verbinden“ der Algebra ihren Namen, die auch als Buchstabenrechnung bezeichnet werden kann. Zudem ist der Ursprung des Wortes *Algorithmus* im Sinne einer buchstaben- und symbolhaften Rechenvorschrift im Namen des Universalgelehrten zu finden.

**Abb. 10: „AL-CHWARIZMI“**

Aus dem Arabischen *as-sifre* ist wiederum der lateinische Begriff *zephirus* entlehnt, der eine Ziffer als ein Leerzeichen kennzeichnet, woraus sich sowohl das französische Wort *zeró* als auch das englische Wort *zero* für die Zahl Null erklären lassen. Das deutsche Zahlwort *null* ist dem Lateinischen *nullus* bzw. dem Italienischen *nulla* entlehnt, die wörtlich mit *keinerlei* bzw. *nichts* übersetzt werden können. Angesichts der Abbildung 9 gilt es hier noch als eine interessante Randglosse zu vermerken, dass das ovale Symbol „0“ für die Zahl Null in seiner Form mit dem ersten Buchstaben des griechischen Wortes *oudén* in seiner Übersetzung mit dem „Nichts“ übereinstimmt.

Leonardo FIBONACCI, dessen eigentlicher Name Leonardo von Pisa war und der als Sohn des Bonacci in einer verkürzten Notation von *Filius Bonacci* den Beinamen *Fibonacci* erhielt, wird im Unterschied zu den mittelalterlichen Wissenschaften heutzutage als ein Überbringer der indisch-arabischen Zahlen im Allgemeinen und des Rechnens mit Dezimalzahlen im Speziellen sowie der Zahl Null in die abendländische Kultur gewürdigt.

Die Abbildung 11 enthält eine phantasievoll gestaltete Statue, die sich im Kreuzgang des historischen Friedhofes Camposanto in Pisa befindet und dort mit der Inschrift *A Leonardo Fibonacci Insigne Matematico Pisano del Secolo XII* zu Ehren „des berühmten Pisaner Mathematikers des 12. Jahrhunderts" versehen ist. Die Abbildung wurde zudem noch durch die nach ihm benannte Fibonacci-Zahlenfolge in Gestalt einer Muschelspirale ergänzt.

FIBONACCI reiste ausgangs des 12. Jahrhunderts als Kaufmann durch Sizilien, Ägypten, Syrien und Griechenland. Alle seine durch vergleichende Beobachtungen erheischten Erkenntnisse eines vorteilhaften Rechnens mit arabischen Zahlen, die wiederum auf dem sogenannten Dezimalsystem basierten, fasste er in einem Buch mit dem Titel *Liber Abaci*, Buch des Abakus, zusammen.

**Abb. 11: Fibonacci-Statue mit Fibonacci-Zahlen**

Einem Mathematiker gleich kreiert er unter anderem im Bestreben, die Vermehrung von Hasen unter idealisierten Bedingungen mit Hilfe von arabischen Zahlen rechnerisch zu beschreiben, die nach ihn benannte und in der Abbildung 11 als eine Muschelspirale plakatierte Zahlenfolge, welche im gegebenen Fall die Zahl Null zum Ausgangspunkt hat und wegen

$$0 + 1 = 1, 1 + 1 = 2, 1 + 2 = 3, 2 + 3 = 5, 3 + 5 = 8 \text{ etc.}$$

die Summe zweier benachbarter natürlicher Zahlen stets die nächstfolgende natürliche Zahl in der sogenannten Fibonacci-Zahlenfolge ergibt.[9]

[9] Eine originelle Darstellung des sogenannten Hasenproblems, indem Hasen über das Fibonacci-Feld hoppeln und sich dabei vermehren, findet man bei GRAVETT, Emily: The Rabbit Problem, Macmillan Publishers Ltd., London 2009

Doch der Siegeszug des Rechnens mit Dezimalzahlen und einer damit verwobenen Anerkennung der Zahl Null erwies sich im Blickwinkel der abendländischen Geschichte als zäh und holprig. Ohne den Ausführungen im Kontext des Kapitels 2.2 vorzugreifen, sei angesichts der Abbildung 12 an dieser Stelle einmal nur vermerkt, dass im Gefüge der römischen Zahlen, die bei den „alten Römern" und im Mittelalter als die übliche Basis des Zählens und Rechnens omnipräsent waren, kein Zeichen für das Nichts und daher auch keine Zahl Null existierte.

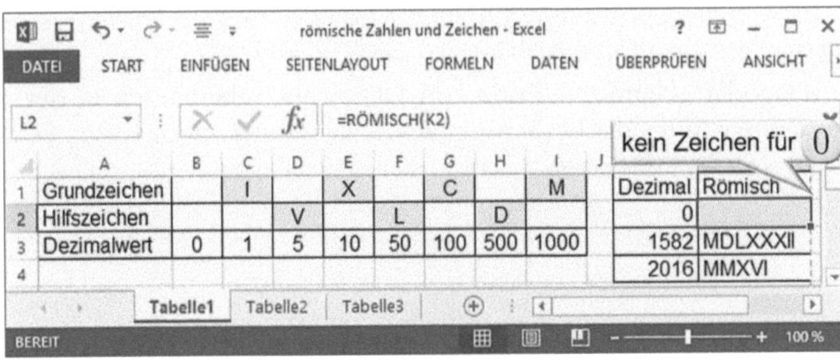


**Abb. 12: Römische Zahlen**

Dass dieser scheinbar simple Sachverhalt nicht nur zu rechnerischen Irritationen, sondern auch zu blasphemischen Interpretationen führte, soll anhand Abbildung 13 kurz erläutert werden. Das Adjektiv blasphemisch kann gemäß dem Griechischen *blasphemia*, der Lästerung, in diesen Zusammenhang durchaus auch mit „gotteslästernd" übersetzt werden.

Es war im Jahr 1982, als analog zur Abbildung 13 die Deutsche Bundespost eine Briefmarke im Wert von 60 Pfennigen in Erinnerung an das 400-jährige Jubiläum zur Einführung des sogenannten Gregorianischen Kalenders in Umlauf setzte.[10]

Man schrieb nach der heute noch gültigen und verbindlichen Zeitrechnung das Jahr 1582 in der damals üblichen Art und Weise MDLXXXII mit Hilfe römischer Zahlen, als Papst Gregor XIII, der Dreizehnte, nach langen Mühen mit einer Bulle den nach ihm benannten Gregorianischen Kalender als die „neue Zeitrechnung" dekretieren, also „päpstlich verordnen" ließ.

Beachtenswert ist dabei, dass im Gregorianischen Kalender gemäß der päpstlichen Festlegung *anni ab incarnatione domini* die „Kalenderjahre ab der Geburt Jesu Christi" gezählt werden und mit dem Fixum *Jahr eins nach Christus* beginnen. Die Kalenderjahre vor dem Kalenderjahr 1 werden analog zur Abbildung 13 mit der

---

10 Elementare und anschauliche kalendarische Betrachtungen findet man unter anderem bei ECKSTEIN, Peter P: Das alltägliche Kalenderblatt – Ein allegorisches Zahlenkaleidoskop, Rainer Hampp Verlag, München und Mehring 2011.

natürlichen Zahl 1 beginnend „rückwärts“ in die Vergangenheit projiziert und durch den Zusatz *vor Christus* gekennzeichnet.

Ein Kalenderjahr „null“ gibt es demnach nicht nur nicht im Gregorianischen Kalender, sondern analog zur Abbildung 12 gleichsam auch nicht im Gefüge der römischen Zahlen. Inwieweit die Geburt Christi in ihrer kalendarischen Betrachtung mit einer blasphemischen Sichtweise auf die Zahl Null als der Zahl des „Nichtseins“ in einen Zusammenhang gebracht werden kann, ist hier irrelevant und soll gotteslästernden Spöttern überlassen werden. Letztere würden angesichts der Abbildung 13 vermutlich William SHAKESPEARE (*1564, †1616) zitieren, der in seiner Tragödie „Hamlet – Prinz von Dänemark“ ebendiesen in der ersten Szene des dritten Aktes die berühmt gewordenen Worte sagen lässt: „Sein oder Nichtsein, das ist hier die Frage.“

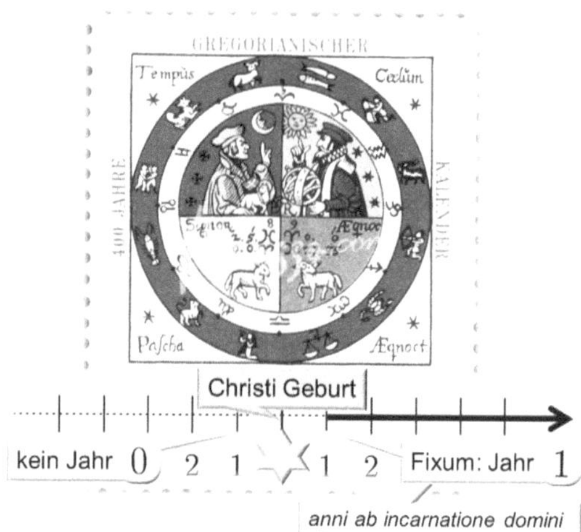


**Abb. 13: Null als blasphemische Zahl**

Ein kalendarischer Irrtum, der im Gregorianischen Kalender begründet liegt, war zum Beispiel der Eintritt in das dritte Jahrtausend, der fälschlicherweise weltweit am 1. Januar 2000 feierlich begangen wurde, obwohl „nach Adam RIES“, der im Kapitel 2.2 eine würdigende Erwähnung findet, dies erst in der Silvesternacht vom 31. Dezember 2000 zum 1. Januar 2001 hätte geschehen dürfen.

Relevant und notierenswert ist diesem Kontext einzig und allein ein mathematischer Sachverhalt, wonach analog zur Abbildung 14 der Zahl Null in ihrer bildhaften Darstellung auf einem Zahlenstrahl eine bedeutsame Rolle zukommt: die eines *Pontifex Numerorum* in der Funktion einer „brückenbauenden Zahl“.

In dieser aus zahlentheoretischer Sicht bedeutungsvollen Funktion gewährt die Zahl Null einen äquidistanten Zugang nicht nur zur indizierten Menge der ganzen Zahlen in Gestalt der natürlichen bzw. positiven ganzen Zahlen und der negativen ganzen Zahlen, sondern gemäß Abbildung 25 gleichsam auch zu den rationalen, den reellen und den komplexen Zahlen.

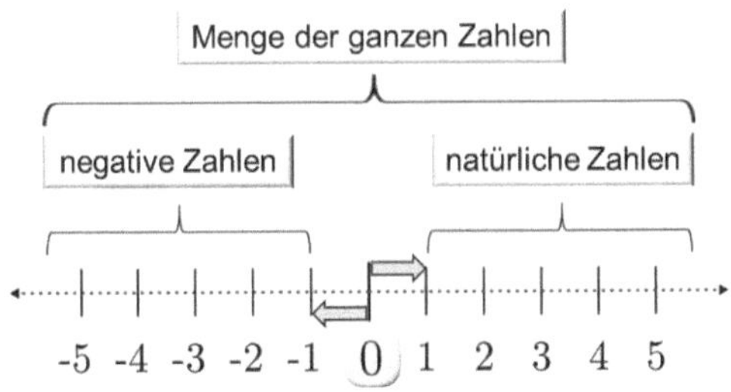


**Abb. 14: Null als Pontifex Numerorum**

Gemäß ihrem lateinischen Wortursprung kennzeichnet eine Äquidistanz einen „gleichgroßen Abstand" zwischen zwei Punkten, woraus sich analog zur Abbildung 14 letztlich die zahlentheoretisch bedeutungsvolle Eigenschaft der Zahl Null eines „numerischen Brückenbauers" erklärt.

Im Hinblick auf das Kapitel 3.1 soll hier an dieser Stelle lediglich darauf verwiesen werden, dass der Zahl Null eine Vielzahl von interessanten Eigenschaften zugeschrieben werden kann. Einzig und allein zur Beantwortung der sich bereits beim Lesen der Kapitelüberschrift aufdrängenden Frage, warum die Zahl Null verbal mit dem zustandsbeschreibenden Adjektiv „neutral" versehen wurde, empfiehlt sich ein kurzer Blick auf die Würfelbilder in der Abbildung 15.

**Abb. 15: Null als neutrale Zahl**

Hier erscheint die Zahl Null zum einen als ein neutraler Summand einer Addition und zum anderen als ein neutraler Subtrahend einer Subtraktion. Im konkreten Fall fungiert bei der Subtraktion, die ihrem lateinischen Wortursprung gemäß den Vorgang des „von unten Wegziehens" beschreibt, die Zahl Eins als der Minuend bzw. das „zu Verringernde" und die Zahl Null als der Subtrahend im Sinne des „unten Weggezogenen".

## 2.2 Die natürliche Zahl Eins

Die Abbildung 16 offeriert ein Zahlensymbol, das eigentlich keines erläuternden Kommentars mehr bedarf – oder doch?

**Abb. 16: Eins**

Eine fest eingeprägte und stets abrufbare Erinnerung eines Erstklässlers aus der Grundschule Schalkau war und ist der folgende Zahlenreim: „Mit der Eins fängt alles an, weil die Null nichts kann.“

Und Jahre später, als man angesichts der Abbildung 17 in verherrlichender Erinnerung an die eigene Gymnasialzeit mit Freunden in einem Schalkauer Wirtshaus saß und zu den bereits auf einem Bierdeckel „angestrichenen“ Bieren „noch eins“ bestellte, welches die Wirtin wohlwollend und zusätzlich mit „einem Strich“ auf dem Bierdeckel vermerkte, erfährt die Zahl Eins eine pennälerhafte Würdigung.

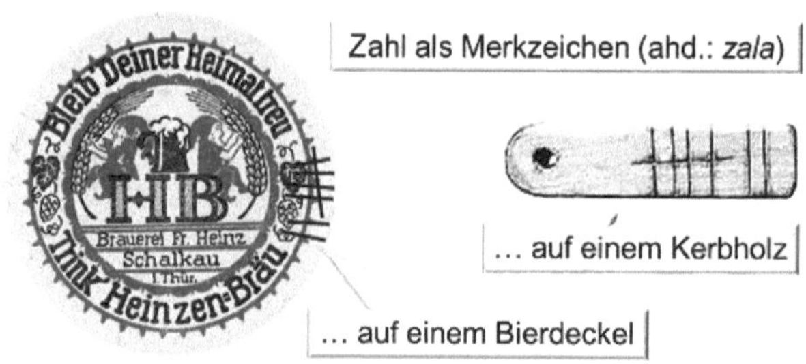


**Abb. 17: Zahl als Merkzeichen**

Inwieweit man das mit Serifen geschmückte Zahlensymbol einer Eins mit einem Strich auf einem Bierdeckel oder mit einer Kerbe auf einem langen Kerbholz oder analog zur Abbildung 19 mit einem Finger einer Hand assoziiert, soll dem Betrachter und interessierten Leser überlassen bleiben.

Aus zahlentheoretischer Sicht wird die Zahl Eins nicht nur als die erste und kleinste natürliche Zahl, sondern zugleich auch noch als die erste und kleinste ungerade natürliche Zahl gekennzeichnet. Allein mit diesen beiden nüchtern wirkenden Klassifikationen schlägt man ungewollt einen umfangreichen Katalog begrifflicher und historischer Notizen auf.

Der etymologische Ursprung des Substantivs Zahl liegt im althochdeutschen Wort *zala* und kann in Anlehnung an die Abbildung 17 semantisch mit „eingekerbtes Merkzeichen“ übersetzt werden. Die umgangssprachliche Redewendung „von dem, der einiges auf dem Kerbholz hat“ kann als ein bildhaftes Gleichnis dafür angeführt werden, das seit jeher vor allem Schulden, erbrachte Leistungen oder Lieferungen in einer einfachen und fassbaren Form in Gestalt von Kerben oder Strichen vermerkt wurden.

Im Blickwinkel zahlenbezogener Wortursprungserklärungen soll an dieser Stelle zudem noch erwähnt werden, dass das deutsche Wort *Zahl* dem griechischen Wort *arithmos* und dem lateinischen Wort *numerus* entspricht. Letzteres gewährt wiederum einen Zugang zu den beiden lateinischen Begriffen *numen* und *nummus*, die bei den „alten Römern“ einerseits eine Gottheit[11] und andererseits eine Münze bezeichneten. Nicht nur im „alten Rom“, sondern auch heute noch ist der Zahlenbegriff auf das Engste mit dem Geld- und Finanzwesen verwoben. Allein die verbale Formulierung vom „Zahlen eines Beitrages“ bzw. vom „Bezahlen einer Rechnung“ deutet auf diesen semantischen und sachlogischen Verbund hin.

Die beiden Münzen in der Abbildung 18 in Gestalt einer 1-Euro-Cent-Münze und einer 1-Euro-Münze können neben ihrer Funktion als allgemein anerkanntes Zahlungsmittel[12] zugleich auch als eine Allegorie auf die Zahl Eins interpretiert werden.

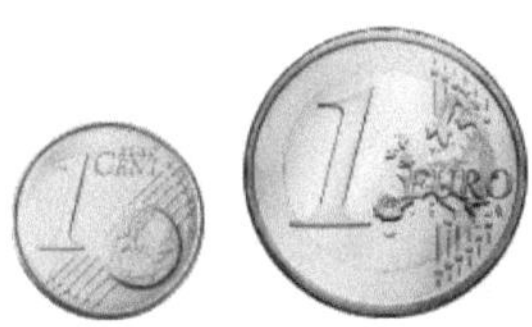

**Abb. 18: Einer-Münzen**

Die Art und Weise, wie die Striche auf dem Bierdeckel in der Abbildung 17 vermerkt wurden, gewährt analog zur Abbildung 19 zugleich auch einen anschaulichen Zugang zu den fünf Fingern einer menschlichen Hand bzw. zu den zehn

---

[11] Bemerkenswert ist in diesem Zusammenhang, dass der germanische Gott *Odin* buchstabengetreu und deckungsgleich ist mit dem russischen Zahlwort *один*, das gleichsam wie in der Numerologie, der geheimnisvollen Zahlendeutung, für die göttliche Zahl Eins steht.

[12] Der politische Ökonom und Philosoph Karl MARX (*1818, †1883) weist dem Geld die ursprüngliche Funktion eines allgemein anerkannten Äquivalents des Warenaustausches zu. Vgl. MARX, Karl: Grundrisse der Kritik der Politischen Ökonomie (Rohentwurf) 1857-1858, Dietz Verlag Berlin 1974, II. Das Kapitel vom Geld.

Fingern beider Hände eines Menschen, die seit je her als ein natürliches Zählmaß vor allem für kleine Mengen fungierten.

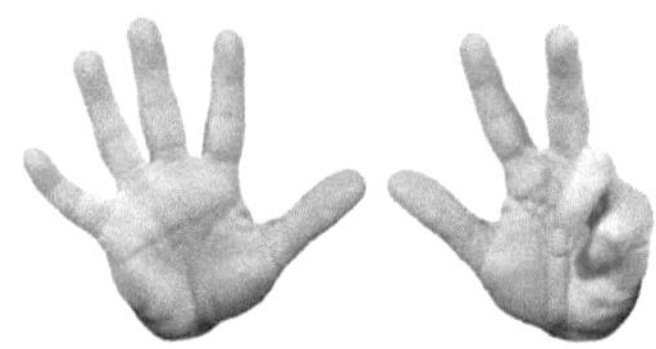

**Abb. 19: Natürliches Zählmaß**

Augenscheinlich symbolisiert im Kontext der hand- und fingerbezogenen Anzeige das Strichbündel ~~IIII~~ die fünf gespreizten Finger der rechten Hand und in logischer Konsequenz das Strichbündel III die drei gespreizten Finger der linken Hand. Es leuchtet zumindest intuitiv ein, dass diese Art und Weise der Beschreibung einer sehr großen Menge von Elementen hinsichtlich der Anzahl der zugehörigen Elemente bzw. ihres Umfanges umständlich, unübersichtlich und mitunter problematisch ist.

Diese ernüchternde Charakteristik trifft auch für die römischen Zahlen zu, die gleichsam wie „zahlreiche Kerben auf einem langen Kerbholz" oder „zahlreiche Stiche auf einem Bierdeckel" aus historischer und zahlentheoretischer Sicht als klassische Beispiele für ein sogenanntes Additionssystem anzusehen sind. Im Zuge der im Kapitel 2.1 vermerkten Notizen zur Zahl Null wurden der Anschaulichkeit halber in der Abbildung 12 einmal nur die meistbenutzten römischen Ziffern in ihrer Gliederung nach Grund- und Hilfszeichen einschließlich ihrer sogenannten dezimalen Wertigkeit zusammengestellt. Ein römischer Abakus, der in seiner wörtlichen Übersetzung aus dem Griechischen und Lateinischen die Bezeichnung für ein Rechenbrett ist und eine anschauliche bildhafte Darstellung in der Abbildung 20 findet, liefert wegen

$$\mathrm{V} + \mathrm{III} = \mathrm{VIII}$$

ein Ergebnis, das formal mit dem viergliedrigen Ziffernsymbol VIII und verbal mit dem Zahlwort acht etikettiert wird.

Man schrieb in der damals üblichen Art und Weise in römischen Zahlen MDIII das Jahr „eintausendfünfhundertdrei" als der Mönch Gregor REISCH (*um 1470, †1525) als ein Vertreter der philosophischen Schule der scholastischen Realisten eine Enzyklopädie mit dem Titel *Margarita philosophica* verfasste, die in ihrer lateinischen Übersetzung eine „Perle der Philosophie" ist und als das älteste gedruckte Handbuch der mittelalterlichen Wissenschaften gilt.

In der Abbildung 20 ist unter dem Titel *Typus arithmeticae* die Arithmetik, die ihrem griechischen Wortursprung gemäß die „Kunst im Umgang mit Zahlen" ist, durch eine weibliche Person bildhaft dargestellt. In dieser bildhaften Darstellung wacht *Arithmetica* in ihrem mit den beiden Zahlenfolgen

1, 3, 9, 27 und 1, 2, 4, 8

geschmücktem Gewand als eine Schiedsrichterin über einem Rechenwettstreit, der an getrennten Tischen von zwei Wettstreitern ausgetragen wird.

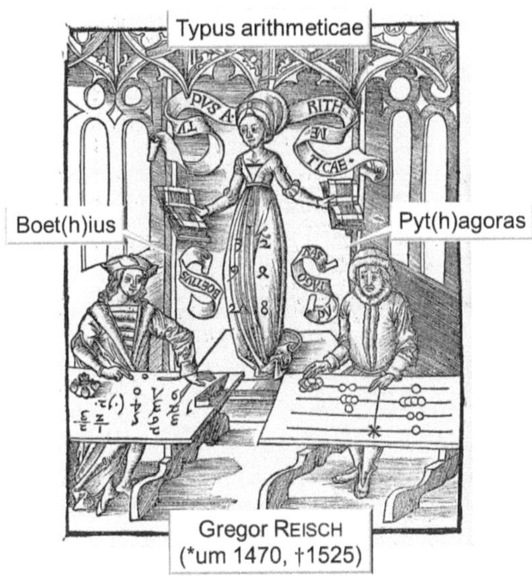


**Abb. 20: Typus arithmeticae[13]**

Interessant ist dabei, dass die beiden Zahlenfolgen auf dem Gewand der *Arithmetica* ihrem Wesen nach geometrische Zahlenfolgen sind und allgemein für alle natürlichen Zahlen n = 1, 2, 3, … mit Hilfe der Gleichung

$$a_n = a_1 \cdot q^{n-1}$$

dargestellt werden können, wobei sich für $a_1 = 1$ und $q = 3$ die erstgenannte Zahlenfolge 1, 3, 9, 27 und für $a_1 = 1$ und $q = 2$ die letztgenannte Zahlenfolge 1, 2, 4, 8 ergibt. Die konstante Größe

[13] Vgl. Kleine Enzyklopädie Mathematik, VEB Bibliographisches Institut Leipzig 1977, Verzeichnis der Bildtafeln, Bildtafel 16: Mathematik in Europa im 16. Jahrhundert

$$q = \frac{a_n}{a_{n-1}}$$

kennzeichnet für $n \geq 2$ den Quotienten q zweier benachbarter Zahlen einer geometrischen Zahlenfolge. Geometrische Folgen bilden wiederum das mathematische Fundament der sogenannten Zins- und Zinseszinsrechnung.

Während der griesgrämig schauende *Pythagoras* am rechten Tisch noch beim „Rechnen auf der Linie" mit Hilfe eines Abakus ist, der in seine Übersetzung aus dem Lateinischen ein „Rechenbrett" ist, hat der entspannt schauende *Boethius* am linken Tisch bereits sein Rechnen mit Dezimalzahlen erfolgreich beendet. Beachtenswert ist in diesem Zusammenhang der Hinweis, dass in den mittelalterlichen Wissenschaften *Pythagoras* als der Erfinder des Abakusrechnens und *Boethius* als ein Urvater des „Rechnens auf der Feder" mittels indisch-arabischer Ziffern und Zahlen galt.

Die allegorische Botschaft dieses Kupferstichs ist augenscheinlich und klar: Das Rechnen „mit Ziffern und Zeichen mittels Tinte und Feder" ist vorteilhafter und umfassender als das Rechnen „mit Pfennigen[14] auf einer Linie", vom Rechnen mit den zehn Fingern beider Hände ganz zu schweigen.

À propos zehn Finger: Sowohl die Wählerscheibe eines traditionellen Telefons als auch das Display eines modernen iPhones inzidieren gemäß Abbildung 21 ein Ziffern- bzw. Zahlenbündel, das aus zehn arabischen Ziffern besteht, wobei die Eins als die erste und die Null als die letzte Ziffer erscheint.

Die Mächtigkeit dieses Zahlenbündels wird verbal mit dem Zahlwort „zehn" und als erste zweiziffrige natürliche Zahl mit dem Symbol „10" in Gestalt der Ziffern 1 und 0 beschrieben. In diesem prägenden „zweiziffrigen" (und die Zahlen 0 und 1 würdigenden) Erscheinungsbild fungiert die natürliche Zahl 10 gleichsam als die „Mutter und Namensgeberin" des dezimalen Zahlensystems, das gemäß seiner Übersetzung aus dem Lateinischen ein Zahlen- bzw. Stellenwertsystem ist,

---

[14] Der Begriff *Pfennig*, der dem althochdeutschen Begriff *pfening* entlehnt ist und ursprünglich ein kleines Stück Metall kennzeichnete, war Jahrhunderte später zudem die Bezeichnung für die niedrigstwertige deutsche Scheidemünze. Interessant ist in diesem Zusammenhang die Randglosse, dass ein sogenannter *СЧЁТЫ* bzw. „Stschoty", der in seiner Übersetzung aus dem Russischen ein „Rechenbrett" ist, auch heute noch zum Berechnen eines zu zahlenden Betrages „auf Rubel und Kopeke genau" benutzt wird, indem analog zum Dezimalsystem jeweils „zehn Pflaumenkerne auf einer Schnur" die Rechenbasis bilden. Während eine Kopeke in der russischen Währung als niedrigstwertige Scheidemünze fungiert und ihrem Wortursprung nach eine „Münze" ist, kennzeichnet ein Rubel seinem Wortursprung nach ein „zerteiltes Metallstück".

das auf der Zahl „Zehn“ beruht und die Basis der uns alltäglich sowohl verbal als auch zahlenmäßig massenhaft umspülenden Wertigkeitsaussagen bildet.

Das Charakteristikum des Dezimalsystems wird in der Abbildung 21 anhand der Jahreszahl 2016 paradigmatisch erläutert, indem der Stellenwert einer Ziffer mathematisch als eine Potenz zur Basis zehn aufgefasst und absteigend geordnet mit dem verbalen Etikett *Tausender*, *Hunderter*, *Zehner* und *Einer* versehen wird.

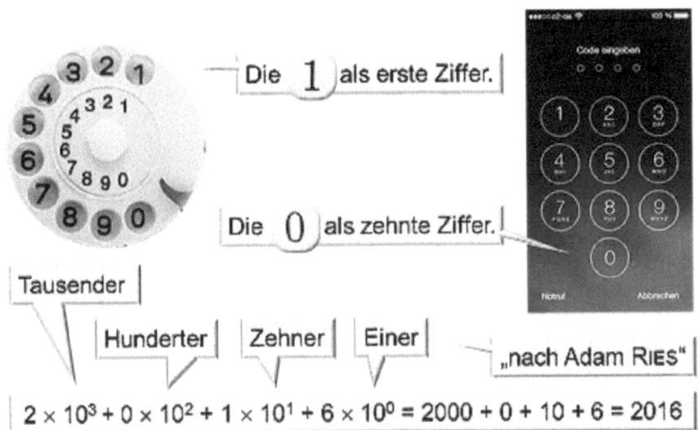


**Abb. 21: Dezimalsystem als Stellenwertsystem**

Beachtenswert ist dabei allerdings, dass die verbale Beschreibung der dezimalen Wertigkeit der Jahreszahl 2016 arithmetisch letztendlich dadurch bewerkstelligt wird, dass jede Ziffer der vierziffrigen Jahreszahl mit dem zugehörigen dezimalen Stellenwert multiplikativ verknüpft oder „gewichtet“ wird, sodass sich „nach Adam RIES“ die Summe der vier Produkte auf „zweitausend(und)sechzehn“ beläuft.

Allein eine elementare arithmetische Betrachtung der Jahreszahl 2016 als Dezimalzahl impliziert eine kurze und anschauliche Erläuterung der dabei praktizierten Rechenoperationen des Addierens, der Multiplikation und des Potenzierens.

Doch wer könnte dies trefflicher und anschaulicher bewerkstelligen, als der vielgepriesene „deutsche Rechenmeister“ Adam RIES (*1492, †1559), der vor allem durch seine vielbeachteten und weitverbreiteten Rechenbücher bekannt wurde und auch heute noch mit dem geflügelten Wort

„... das macht nach Adam Ries ...“

im Hinblick auf eine exakte Anwendung elementarer Rechenvorgänge gern und würdigend erwähnt wird.

In der Abbildung 22 ist das Deckblatt seines legendären dritten Rechenbuches mit dem Titel

> Rechenung nach der lenge/ auff den Linihen vnd Feder. Darzu forteil und behendigkeit durch die Proportiones/ Practica genant/ Mit grüntliches unterricht des visierens. Durch Adam Riesen. im 1550. Jar.

aus dem Jahr 1550 abgebildet, das zudem das vermutlich einzige Portrait von Adam RIES im Alter von römisch LVIII bzw. dezimal von 58 Jahren zeigt.

**Abb. 22: „Rechenung" nach Adam Ries(en)**

Erwähnenswert und interessant ist in diesem Zusammenhang, dass RIES im Kontext seiner paradigmatischen Betrachtungen, die in Anlehnung an das Griechische *paradeigma* Musterbeispiele sind, neben dem merkantilistisch bzw. kaufmännisch bedeutungsvollen Berechnen bzw. „Visieren" von Fassinhalten unter anderem die in der Abbildung 22 zusätzlich vermerkten Begriffe und elementaren Vorgänge des Rechnens gemäß ihrem lateinischen Wortursprung anschaulich und fassbar „auf Teutsch" erklärte. Vor allem im Kontext einer näheren Betrachtung und numerischen Würdigung der natürlichen Zahl Eins sollen einzig und allein ihrer Anschaulichkeit wegen einige von RIES aus dem Lateinischen übersetzte und semantisch erläuterte Rechenvorgänge paradigmatisch beleuchtet werden.[15]

---

[15] Vgl. ECKSTEIN, Peter P.: Eine Banknote als Ausgangspunkt historischer und datenanalytischer Betrachtungen, in: SCHMEISSER, Wilhelm und andere: Handbuch Wertorientiertes Finanzmanagement, UVK Verlagsgesellschaft, Konstanz und München 2015, Seite 27 ff

Die gewaltige und schöpferische Kraft der natürlichen Zahl 1 als eine schier „unerschöpfliche Zahlenquelle" kann man sich gemäß Abbildung 23 zum Beispiel am bildhaften Gleichnis einer Treppe mit einer „Stufenhöhe von eins" verdeutlichen, auf der man „Stufe für Stufe" oder „Schritt für Schritt" zumindest theoretisch in „ungeahnte Höhen bzw. Tiefen auf- oder hinabsteigen" kann.

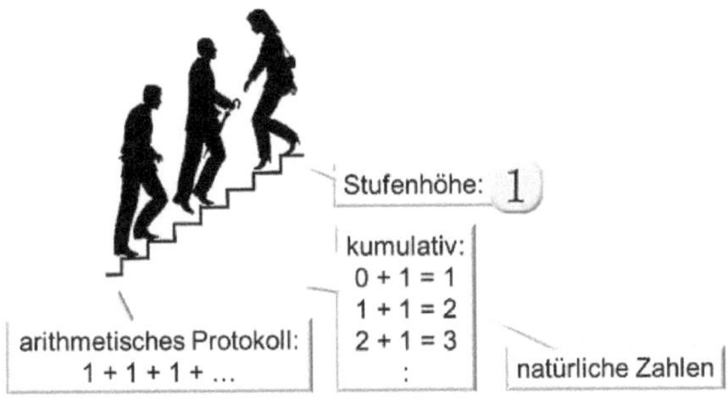


**Abb. 23: Die Eins als Zahlenquelle**

Das arithmetische Protokoll des „Aufwärtsbegehens" einer Treppe mit n = 5 Stufen ist dabei nichts anderes als die fünffache Addition der Zahl 1, wobei

$$1 + 1 + 1 + 1 + 1 = 5$$

gilt. In einer kumulierenden Betrachtung, die gemäß ihrem lateinischen Wortursprung eine schrittweise Zusammenfassung ist, gelangt man in logischer Konsequenz wegen

$$0 + 1 = 1, 1 + 1 = 2, 1 + 2 = 3, 1 + 3 = 4 \text{ und } 1 + 4 = 5$$

zu einem gleichen Resultat. Im Blickwinkel dieser elementaren Betrachtungen kann die Zahl 1 als das natürliche Maß der Erhöhung (z.B. 1 + 2 = 3) bzw. der Verringerung (z.B. 3 – 1 = 2) bzw. der Verschiedenartigkeit zweier benachbarter natürlicher Zahlen (z.B. 3 – 2 = 1) gedeutet werden.

Doch mehr noch! In der Zahlentheorie ordnet man die Zahlen 1 bis 5 der Menge der natürlichen Zahlen

$$\mathbb{N} = \{1, 2, 3, 4, 5, \ldots\}$$

zu, die synonym auch als Menge der Grundzahlen oder als Kardinal- oder Hauptzahlenmenge bezeichnet wird.

Mit einem Hinweis auf die Ausführungen im Kapitel 3.6 soll hier bereits eine charakteristische Eigenschaft der Zahl Eins erwähnt werden, die wegen

$$1 \cdot n = n \cdot 1 = n$$

auch mit dem Etikett der „multiplikativen Identität“ versehen wird. Demnach ist das Produkt der natürlichen Zahl 1 mit einer beliebigen natürlichen Zahl n identisch oder gleich mit der natürlichen Zahl n. Aus der multiplikativen Identität leitet sich wegen

$$\frac{n}{n} = 1 \text{ und } \frac{n}{1} = n$$

die charakteristische Eigenschaft eines sogenannten „echten Teilers“ ab. Was der natürlichen Zahl Eins trotz ihrer Eigenschaft eines echten Teilers verwehrt bleibt, ist die Zugehörigkeit zur elitären Phalanx der Primzahlen, welche alle natürlichen Zahlen umfasst, die größer als eins sind und nur zwei natürliche Zahlen als „ganze oder echte“ Teiler besitzen, also nur durch eins und sich selbst „ohne Rest“ teilbar sind.

Legt man der Anschaulichkeit halber das Augenmerk einmal nur auf die natürlichen Zahlen von 1 bis 9, die gemäß Abbildung 21 als einziffrige natürliche Zahlen auf der Wählerscheibe eines Telefons vermerkt sind, dann würde man die natürlichen Zahlen 2, 3, 5 und 7 als Primzahlen kennzeichnen. Bemerkenswert ist dabei, dass die natürliche Zahl 2 nicht nur die kleinste, sondern auch noch die einzige gerade Primzahl ist. Zudem bezeichnet man in der elementaren Zahlentheorie zwei benachbarte Primzahlen, deren Differenz gleich zwei ist, auch als „Primzahlzwillinge“. Offensichtlich sind im konkreten Fall wegen

$$5 - 3 = 2 \text{ und } 7 - 5 = 2$$

insgesamt zwei Primzahlzwillinge auf einer Telefonscheibe zu beobachten. Für die restlichen und auf einer Wählerscheibe vermerkten natürlichen Zahlen gilt die folgende allgemeingültige Regel, die auch unter der Bezeichnung „Primfaktorzerlegung“ firmiert und verbal wie folgt zusammengefasst werden kann: Eine natürliche Zahl ist entweder eine Primzahl oder sie lässt sich als ein Produkt aus Primzahlen darstellen. Offensichtlich ist zum Beispiel die gerade natürliche Zahl 6 keine Primzahl, da sie wegen

$$2 \cdot 3 = 3 \cdot 2 = 6$$

als das Produkt aus den beiden Primzahlen 2 und 3 dargestellt werden kann. Obgleich die Zahl Eins nicht zur elitären Phalanx der Primzahlen gehört, kann sie eingedenk der Eigenschaft eines echten Teilers und der Eigenschaft der multiplikativen Identität zur arithmetischen „Erzeugung“ der geraden natürlichen Zahl 6 herangezogen werden. In diesem Blickwinkel kann eine Sechs wegen

$$1 \cdot 2 \cdot 3 = 1 + 2 + 3 = 6$$

sowohl als Produkt als auch als Summe der ersten drei natürlichen Zahlen dargestellt werden. Aufgrund dieser faszinierenden Eigenschaft kennzeichnet man die natürliche Zahl Sechs auch als eine ideale, vollkommene oder perfekte Zahl.

Aus didaktisch-methodischer Sicht als hilfreich und anschaulich zugleich erweist sich auf der Basis der idealen Zahl Sechs die von Adam RIES praktizierte und erläuterte Darstellung einer Multiplikation als eine wiederholte Addition und analog die Darstellung einer Division als eine wiederholte Subtraktion.

Beide Rechenvorgänge kann man sich analog zur Abbildung 24 anhand des skurril anmutenden Paradigmas verdeutlichen, wonach sich „drei Süßmäuler sechs Pralinen gleich und gerecht teilen sollen".

**Abb. 24: Drei Süßmäuler und sechs Pralinen**

Fasst man die sechs Pralinen als den sogenannten Dividenden als „das zu Teilende" und die drei Süßmäuler als den sogenannten Divisor als „das Teilende" auf, dann ergibt sich im Sinne einer Division das Resultat

$$6 \div 3 = 2.$$

Ein Statistiker würde das Resultat mit dem Siegel eines arithmetischen Mittels versehen und wie folgt interpretieren: Im Sinne einer gerechten Verteilung der sechs Pralinen auf die drei Süßmäuler bekommt jedes Süßmaul „gerecht und im Durchschnitt" zwei Pralinen zugeteilt. Wenn in einem gerechten Sinne jedem Süßmaul zwei Pralinen zustehen, leuchtet es wiederum ein, dass bei drei Süßmäulern eine Pralinenschachtel insgesamt

$$2 + 2 + 2 = 3 \cdot 2 = 6$$

Pralinen beinhalten muss, womit man schlussendlich die Darstellung einer Multiplikation als eine wiederholte Addition veranschaulicht hat.

„Nach Adam RIES" würde man das Verteilungs- bzw. Verzehrprotokoll des Pralinenschmauses im Sinne einer wiederholten Subtraktion wie folgt notieren:

erster Schmaus: 6 - 3 = 3
zweiter Schmaus: 3 - 3 = 0.

Die Differenz „von null“ als das finale Resultat einer zweifachen Subtraktion würden die drei Süßmäuler vermutlich lakonisch wie folgt kommentieren: „Nach dem zweiten Schmaus ist alles aus“. Im arithmetischen Sinne ist das Ergebnis einer Subtraktion dann immer null, wenn analog zum zweiten Schmaus der Minuend und der Subtrahend in ihren Werten gleich sind.

Dass die Rechenvorgänge des Addierens, Subtrahierens, Multiplizierens, Dividieren einerseits und des Potenzierens, Radizierens sowie Logarithmierens andererseits nicht nur auf die Menge $\mathbb{N}$ der natürlichen Zahlen begrenzt sind, sondern angesichts der Abbildung 25 auf die indizierten Zahlenmengen (von Ausnahmen einmal abgesehen) erweitert werden können, leuchtet zumindest intuitiv ein.

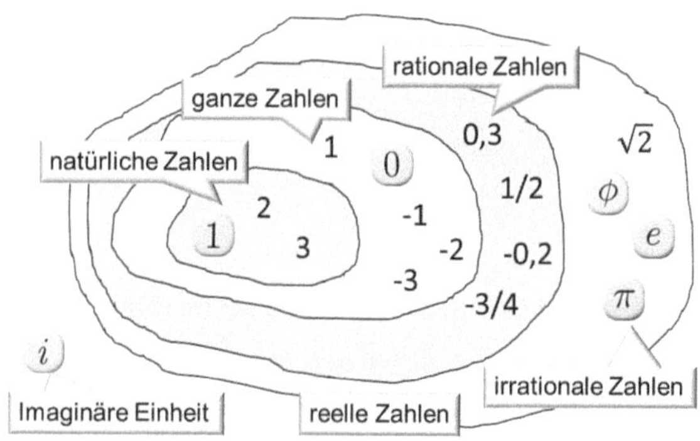


**Abb. 25: Zahlenmengen**

Allein eine Betrachtung des Zahlenstrahls in der Abbildung 14, in der die Zahl Null im wahren Sinn des Wortes einen neutralen Nullpunkt markiert, gewährt einen anschaulichen Zugang zur Menge der ganzen Zahlen

$$\mathbb{Z} = \{\dots, -3, -2, -1, 0, 1, 2, 3, \dots\}.$$

Da die natürlichen Zahlen als eine Teilmenge der ganzen Zahlen erscheinen, ist es auch möglich, üblich und sinnvoll, in die Menge der natürlichen Zahlen die „neutrale“ Zahl Null einzuschließen und die erweitere Menge

$$\mathbb{Z}^+ = \mathbb{N}_0 = \mathbb{N} \cup \{0\} = \{0, 1, 2, 3, \dots\}$$

als Menge der positiven ganzen Zahlen darzustellen.

Diese Erweiterung gewährt wiederum einen Zugang zu sogenannten Mächtigkeitsbetrachtungen von Mengen. Aufgrund dessen, dass die Mächtigkeit einer endlichen Menge durch eine natürliche Zahl beschrieben wird, welche Auskunft über die Anzahl der Elemente in der Menge gibt bzw. die Elemente der Menge „zählt“, kann die Zahl Null als die Mächtigkeit einer leeren Menge

$$\emptyset = \{\ \}$$

gedeutet werden, die „null, also keine Elemente“ beinhaltet. Diese Zahlenmengenbetrachtung ermöglicht wiederum eine plausible Begründung ihrer „natürlichen Anordnung“, worin (außer für die Zahl Null) auch immer genau ein „Vorgänger“ und ein „Nachfolger“ definiert und gegeben ist. Demnach ist jede natürliche Zahl gleich der Mächtigkeit ihrer „Vorgängermenge“, wobei

$$0 = \{\}, 1 = \{0\}, 2 = \{0, 1\}, 3 = \{0, 1, 2\}, 4 = \{0, 1, 2, 3\} \ldots$$

gilt. Da zum Beispiel die natürliche Zahl 2 die Vorgängerzahl und die natürliche Zahl 4 die Nachfolgerzahl der natürlichen Zahl 3 ist, hat man auch eine plausible Erklärung für die folgenden drei Größenrelationen in ihrer verbalen und formalen Darstellung gefunden: „zwei ist kleiner als drei“ bzw. $2 < 3$, „drei ist gleich drei“ bzw. $3 = 3$ und „vier ist größer als drei“ bzw. $4 > 3$.

Ist man in Anlehnung an die Abbildung 40 und unter Beachtung der zugehörigen Fußnote 34 als Reisender in die bzw. in den USA daran interessiert, die auf einem Thermometer angezeigte Temperatur von 22 Grad Fahrenheit in Grad Celsius umzurechnen, würde man unter Verwendung der Berechnungsvorschrift

$$°C = (°F - 32) \cdot \frac{5}{9}$$

eine als Europäer leichter zu assoziierende und vergleichende Temperatur von

$$°C = (22 - 32) \cdot \frac{5}{9} = -\frac{50}{9} \cong -5{,}555$$

Grad Celsius erhalten. Diese Temperatur in Gestalt einer negativen Dezimalzahl, die letztlich das Resultat eines Quotienten bzw. Bruches aus zwei ganzen Zahlen ist und unabhängig davon, ob sie (wie im konkreten Fall) durch eine unendliche Folge sich wiederholender Nachkommastellen oder durch eine endliche Anzahl von Nachkommastellen getragen wird, ordnet man in der Zahlentheorie der Menge der rationalen Zahlen

$$\mathbb{Q} = \left\{\ldots, -7{,}65, \ldots, -\frac{50}{9}, \ldots, 0{,}5, \ldots, 1{,}2345, \ldots, 3{,}21, \ldots\right\}$$

zu. Würde man in Anlehnung an die Abbildung 25 zum Beispiel mit

$$\sqrt{2} \cong 1{,}41421356$$

die Wurzel aus der einzig geraden und zugleich kleinsten Primzahl ziehen, würde man eine Dezimalzahl mit einer unendlichen Folge sich nicht wiederholender Nachkommastellen erhalten und diese der Menge der irrationalen Zahlen

$$\mathbb{I} = \{\dots, \sqrt{2}, \phi, e, \pi, \dots\}$$

in Gestalt von „nicht fassbaren und mit Brüchen nicht berechenbaren Zahlen“ zuordnen.

Beachtenswert sind dabei drei interessante Randglossen: Erstens geht das einem Haken gleichende Symbol √ für eine „Wurzel“ bzw. für die Rechenoperation des Radizierens auf den deutschen Rechenmeister Adam RIES zurück. Zweitens erfährt diese irrationale Zahl gemäß Abbildung 94 ihr geometrisches Erscheinungsbild in der Länge der Diagonalen eines Quadrats mit seinen vier gleichen Seitenlängen von eins. Drittens werden die später noch zu würdigenden und gleichsam auf dem magischen Hexaeder vermerkten Konstanten ϕ, e und π der Menge der irrationalen Zahlen zugeordnet.

Aus mengentheoretischer Sicht subsumiert man die Vereinigungsmenge

$$\mathbb{R} = \mathbb{Q} \cup \mathbb{I}$$

aus der Menge der rationalen Zahlen $\mathbb{Q}$ und der irrationalen Zahlen $\mathbb{I}$ unter dem Begriff der Menge der reellen Zahlen $\mathbb{R}$, die analog zur Abbildung 25 im Sinne eines sogenannten Venn-Diagramms, dessen Idee auf den englischen Mathematiker John VENN (*1834, †1923) zurückgeht, bis auf die imaginäre Einheit i alle plakatierten Zahlenmengen umfasst.

Die ihrem französischen Wortursprung nach „nur vorgestellte“ imaginäre Einheit

$$i = \sqrt{-1},$$

die innerhalb der Abbildung 25 bewusst am unteren Rand platziert und vermerkt wurde, wird der Menge der komplexen Zahlen $\mathbb{C}$ zugeordnet und erfährt im Kontext des Kapitels 2.6 eine weitere und nähere Betrachtung.

Komplexe Zahlen im allgemeine und die imaginäre Einheit kommen neben der Mathematik vor allem in der Physik und in den Ingenieurwissenschaften etwa bei der mathematischen Beschreibung von Wellen zu einer Anwendung. In den Wirtschafts- und Sozialwissenschaften werden sie hinsichtlich ihrer praktischen Bedeutung und Anwendung wohl eher ihrem Namen „vom Allumfassenden und nur Vorgestelltem“ gerecht.

## 2.3 Phi, die Zahl des goldenen Verhältnisses

Auf einer der sechs Flächen des magischen Hexaeders ist analog zur Abbildung 26 eine Glyphe vermerkt, die als ein häufig benutzter Ersatz für den griechischen Kleinbuchstaben φ (lies: *Klein-Phi*) fungiert, der im griechischen Alphabet mit seinen insgesamt 24 Buchstaben in der Regel die Nummer 21 trägt.

**Abb. 26: Phi**

Vermutlich erklärt sich die indizierte Ersatzglyphe ϕ aus ihrer augenscheinlichen Ähnlichkeit mit ihrem „großen Bruder", dem Großbuchstaben Φ (lies: *Groß-Phi*).

Wieso, weshalb und warum wird sich sicherlich der interessierte Leser fragen, wird dieser Buchstabe als die Zahl des goldenen Verhältnisses bezeichnet und verehrt?

Eine anschauliche und zugleich einleuchtende Antwort gewährt die Abbildung 27, in der das faszinierende „goldene Verhältnis vom Teil zu seinem Ganzen" sowohl grafisch mittels dreier unterschiedlich langer Strecken als auch algebraisch mit Hilfe zweier gleicher Zahlenverhältnisse dargestellt wird.

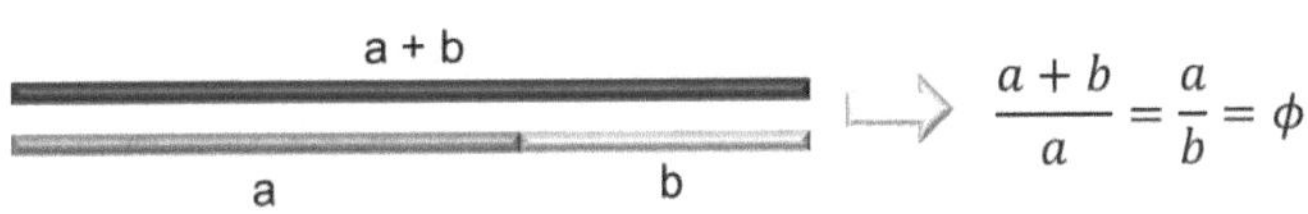


**Abb. 27: Das goldene Verhältnis**

Verwendet man die mit Hilfe der beiden ersten lateinischen Kleinbuchstaben a und b angegebene algebraische Gleichung

$$\frac{a+b}{a} = \frac{a}{b}$$

und legt man zum Beispiel für die Variable b den Wert 1 fest, dann erhält man nach einigen Umformungen die Normalform einer quadratischen Gleichung

$$a^2 - a - 1 = 0,$$

die gemäß dem Vietaschen Wurzelsatz die beiden reellwertigen Lösungen

$$a_1 = \frac{1}{2} + \sqrt{\frac{1}{4} - (-1)} = \frac{1 + \sqrt{5}}{2} \cong 1{,}618$$

und

$$a_2 = \frac{1}{2} - \sqrt{\frac{1}{4} - (-1)} = \frac{1 - \sqrt{5}}{2} \cong -0{,}618$$

besitzt.

Auf einem ersten Blick hin scheinen einen die beiden Lösungen allerdings nicht besonders zu erregen. Interessanter und erregender werden die Betrachtungen spätestens dann, wenn man sich in Erinnerung an die eigene Schulzeit die heutzutage mit dem Etikett „p-q-Formel" vermerkten additiven und multiplikativen Verknüpfungen der beiden Lösungen anschaut.

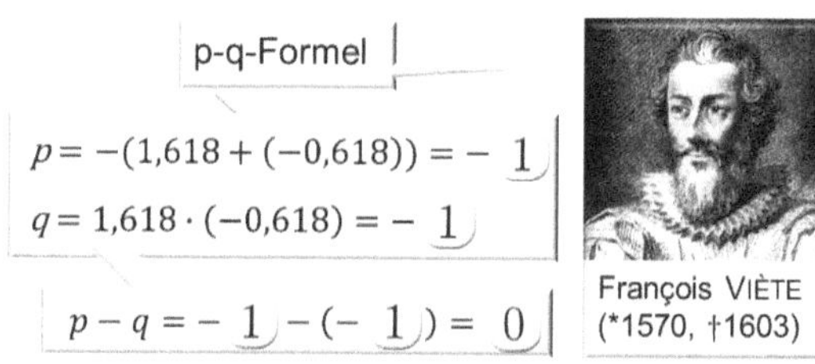


**Abb. 28: p-q-Formel**

Gleichsam wie in der griechischen Mythologie der sagenumwobene Vogel Phönix nach seiner Verbrennung wieder aus seiner Asche aufsteigt, so erscheint hier die im Kapitel 2.2 gewürdigte Zahl 1 mit einem negativen Vorzeichen wieder in einem neuen Glanze: Die beiden Lösungen $a_1$ und $a_2$ ergeben zum einen wegen

$$-p = a_1 + a_2 = 1{,}618 + (-0{,}618) = 1$$

in ihrer Summe letztlich einen Wert von p = −1 und zum anderen wegen

$$q = a_1 \cdot a_2 = 1{,}618 \cdot (-0{,}618) \cong -1$$

als ein Produkt den Wert q = −1. Und nicht nur das: Mit der Differenz

$$p - q = -1 - (-1) = -1 + 1 = 0$$

der beiden Bestandteile der sogenannten p-q-Formel wird in Anlehnung an den Kapitel 2.1 zudem auch noch ein würdigendes Licht auf die oft im Schatten stehende und verkannte Zahl Null geworfen.

Die in der Abbildung 28 plakatierten mathematischen Sachverhalte gehen auf den französischen Mathematiker François VIÈTE (*1570, †1603) zurück, der als einer der Begründer der modernen Algebra gewürdigt wird. VIÈTE, dessen Name in den einschlägigen und in lateinischer Sprache verfassten Publikationen mit Franciscus VIETA vermerkt wurde, ersetzte beim Rechnen nicht nur die üblichen Zahlenzeichen erstmals durch Buchstaben, sondern behandelte zudem auch noch Gleichungen höheren Grades erfolgreich, wozu auch die algebraische Lösung

$$x_{1,2} = -\frac{p}{2} \pm \sqrt{\frac{p^2}{4} - q}$$

der Normalform

$$x^2 + p \cdot x + q = 0$$

einer quadratischen Gleichung zu zählen und würdigend zu erwähnen ist.[16]

Wie auch immer die beiden in den Abbildungen 27 und 28 skizzierten Strecken bzw. Längen a und b bemessen sein mögen, ihre Gesamtlänge a + b steht zur längeren Strecke a stets in einem gleichen Verhältnis wie die größere Strecke a zur kleineren Strecke b. Dieses Verhältnis wird analog zur Kapitelüberschrift mit einem „goldenen Siegel" versehen, zahlenmäßig als eine reellwertige Konstante

$$\phi = 1{,}6180398874\ldots$$

dargestellt und zahlentheoretisch der Menge der irrationalen Zahlen zugeordnet.

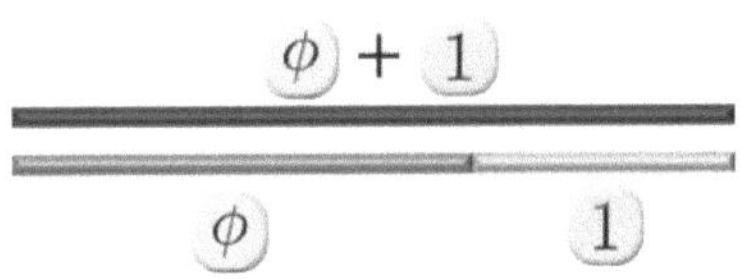


**Abb. 29: Ein magisches Zahlenverhältnis**

In Anlehnung an die Abbildung 28 und in Modifikation der Abbildung 29, wobei jetzt a = $\phi$ und b = 1 gelten soll, kann man leicht nachvollziehen und überprüfen, dass für die Normalform der quadratischen Gleichung

$$\phi^2 - \phi - 1 = 0$$

[16] Vgl. Brockhaus Enzyklopädie in 30 Bänden, 21., völlig neu bearbeitete Auflage, Leipzig, Mannheim 2006, Band 29, Seite 79

gemäß dem Vietaschen Wurzelsatz letztlich

$$\phi_1 = \frac{1}{2} + \sqrt{\frac{1}{4} + 1} \cong 1{,}618 \text{ und } \phi_2 = \frac{1}{2} - \sqrt{\frac{1}{4} + 1} \cong -0{,}618$$

sowie $\phi_1 + \phi_2 = 1$ und (von Rundungsfehlern abgesehen) $\phi_1 \cdot \phi_2 = -1$ gilt. Allerdings ist im Hinblick auf die in der Abbildung 29 angezeigten Strecken, die jeweils größer als null sind, die zweite Lösung irrelevant und lediglich nur hinsichtlich des indizierten Zahlenspiels interessant.

Alles nur Zauberei? Natürlich nicht! Es sind die faszinierenden und einmaligen Eigenschaften eines magisch wirkenden Zahlenverhältnisses, das im Kapitel 3.2 als ein sogenanntes numerisches Duett eine besondere Betrachtung erfährt.

In diesem Zusammenhang erweist sich die folgende Randglosse als bemerkenswert und interessant: Es war im Jahr 1996, als mit Hilfe moderner Rechentechnik die irratonale Konstante Phi erstmalig als eine Dezimalzahl mit nahezu zehn Millionen Nachkommastellen „erzeugt" wurde.[17] Dass diese irrationale Zahl wiederum durch faszinierende und einzigartige arithmetische Eigenschaften getragen wird, soll hier vorerst nur mit einem Hinweis auf die Ausführungen im Kontext des dritten Kapitels vermerkt werden.

Was allerdings an dieser Stelle nicht nur einer bloßen Erwähnung, sondern zugleich auch einer paradigmatischen Erläuterung bedarf, ist das arithmetische Konstrukt eines Logarithmus, der gemäß seinem griechischen Wortursprung als ein „vernünftiges Zahlenverhältnis" übersetzt und gekennzeichnet werden kann.

Man schrieb das Jahr 1614 als John NAPIER (*1550, †1617), Laird of Merchiston, ein exzentrischer schottischer Aristokrat und Naturgelehrter in der in lateinischer Sprache verfassten Abhandlung mit dem Titel *Mirifci logarithmorum canonis descriptio* den Logarithmusbegriff prägte und darauf hinwies, dass Logarithmen einerseits ein wunderbares, erleichterndes und weniger zeitraubendes Rechnen mit großen Zahlen ermöglichen und andererseits bei gleichen Zahlenverhältnissen keine Unterschiede in den Logarithmen zu vermerken sind.[18] Hinzu kommt noch die „magische Fähigkeit" einer logarithmischen Transformation, die nur für positive reelle Zahlen definiert ist, die größer als null sind, dass die Grundrechenarten des

[17] Vgl. LIVIO, Mario: The Golden Ratio, The Story of Phi, the World´s Most Astonishing Number, Broadway Books New York 2002, page 81, 82. LIVIO listet einzig und allein für Zahlenenthusiasten die Konstante Phi einmal „nur" mit 2000 Dezimalstellen auf.

[18] Vgl. Mathematics, An Illustrated History of Numbers, Edited by Tom Jackson, Shelter Harbor Press, New York 2012, 29 Logarithms, page 42

Multiplizierens, Dividierens, Potenzierens und Radizierens auf die jeweils niedrigere Stufe des Addierens, Subtrahierens, Multiplizierens und Dividierens „arithmetisch erleichternd" zurückgeführt werden können.

Das goldene und zugleich magische Zahlenverhältnis

$$\frac{\phi + 1}{\phi} = \frac{\phi}{1} = \phi$$

ergibt in einer logarithmischen Transformation das folgende Bild:

$$log\left(\frac{\phi + 1}{\phi}\right) = log\left(\frac{\phi}{1}\right) = log(\phi).$$

In Anwendung des elementaren Logarithmengesetzes, wonach der Logarithmus eines Quotienten als die Differenz aus dem Logarithmus des Zählerterms und dem Logarithmus des Nennerterms dargestellt werden kann, erhält man die folgende algebraische Gleichung:

$$log(\phi + 1) - log(\phi) = log(\phi) - log(1) = log(\phi).$$

Es war der englische Mathematiker Henry BRIGGS (*1556, †1630), der in Verbesserung der Napierschen Logarithmen in seiner im 1624 gleichsam in lateinischer Sprache erschienenen Abhandlung *Arithmetica logarithmica* unter anderem die 14-stelligen dekadischen Logarithmen der Zahlen von 1 bis 20000 auf der Basis der Potenzfunktion

$$y = f(x) = 10^x$$

veröffentlichte. BRIGGS zu Ehren werden dekadische Logarithmen auch als Briggssche Logarithmen bezeichnet und formal mit den äquivalenten Symbolen

$$log_{10}(x) = lg(x)$$

gekennzeichnet.[19]

Gleichwohl mit die Verfügbarkeit moderner und leistungsfähiger Computer das Rechnen mit Logarithmen außer Mode gekommen zu sein scheint, soll an dieser Stelle die faszinierende Idee eines dekadischen Logarithmus paradigmatisch skizziert und erläutert werden.

Betrachtet man der Einfachheit und Anschaulichkeit halber einmal nur die vierstellige Dezimalzahl 1000, die analog zur Abbildung 21 verbal und „nach Adam

---

[19] Vgl. Brockhaus Enzyklopädie in 30 Bänden, 21., völlig neu bearbeitete Auflage, Leipzig, Mannheim 2006, Band 4, Seite 666

RIES" mit dem Zahlwort *eintausend* gekennzeichnet wird, dann kann die Dezimalzahl 1000 auch als ein Wert der Potenzfunktion

$$y = f(x) = 10^x$$

an der Stelle $x = 3$ identifiziert und markiert werden, da $10^3 = 1000$ ist. Beim Rechnen mit Logarithmen wird der Funktionswert $y = 1000$ auch als Numerus oder Grundzahl, die natürliche Zahl 10 als Basis und der Wert $x = 3$ als Exponent oder Hochzahl bezeichnet, der bzw. die wiederum wegen

$$log_{10}(1000) = lg(1000) = 3$$

als Logarithmus von 1000 zur Basis 10 interpretiert wird. Bemerkenswert ist dabei, dass die vierstellige bzw. vierziffrige Grundzahl 1000 in ihrer Briggsschen Logarithmustransformation auf die einstellige bzw. einziffrige Zahl 3 „reduziert" bzw. „eingeschmolzen" werden kann.[20]

Angesichts des in der Abbildung 29 plakatierten magischen Zahlenverhältnisses erhält man unter Verwendung fünfstelliger Briggsscher Logarithmen letztlich die beiden folgenden numerischen Resultate

$$lg(1{,}61804 + 1) - lg(1{,}61804) \cong 0{,}41798 - 0{,}20899 = 0{,}20899$$

$$\text{und } lg(1{,}61804) - lg(1) \cong 0{,}20899 - 0 = 0{,}20899,$$

die augenscheinlich nicht nur gleich sind, sondern zudem auch noch den Hinweis von NAPIER zahlenmäßig und anschaulich untermauern, wonach es bei gleichen Zahlenverhältnissen keine Unterschiede in den Logarithmen zu verzeichnen gibt.

Dass die magisch anmutende Konstante $\phi$ nicht nur aus mathematischer Sicht faszinierende Eigenschaften besitzt, sondern zudem auch noch in einer beeindruckenden Vielfalt von außergewöhnlichen und faszinierenden Erscheinungsbildern getragen wird und dargestellt werden kann, belegen die zugehörigen exemplarischen Ausführungen zu den Soli der Zahl Phi im Kontext des Kapitels 3.1 und der sogenannten Phi-Arithmetik im Rahmen des Kapitels 3.2.

---

[20] Ein anschauliches Beispiel einer dekadischen Logarithmenskala ist die nach dem US-amerikanischen Seismologen Charles Francis RICHTER (*1900, †1985) benannte und nach oben offene Richter-Skala zur Messung der Stärke von Erdbeben. Ein Erdbeben mit einer Stärke von 6 auf der Richter-Skala hat zehnmal mehr Energie als ein Beben der Stärke 5 und einhundertmal mehr als ein Beben der Stärke 4 sowie tausendmal mal mehr als ein Erdbeben der Stärke 3 auf der Richter-Skala. Vgl. Brockhaus Enzyklopädie in 30 Bänden, 21., völlig neu bearbeitete Auflage, Leipzig, Mannheim 2006, Band 23, Seite 138 und 141

## 2.4 Die Eulersche Konstante e

Allein nur ein flüchtiger Blick auf die Abbildung 30 lässt viel Bemerkenswertes und vermutlich zugleich auch Schwerverdauliches erahnen. Das sowohl auf einem T-Shirt als auch auf dem magischen Spielwürfel vermerkte Erscheinungsbild des lateinischen Kleinbuchstabens „e“ wird zu Ehren des Schweizers Leonhard EULER (*1707, †1783), der als ein bedeutender Mathematiker angesehen und verehrt wird, auch als Eulersche Zahl bezeichnet und in der höheren Mathematik als eine der wichtigsten Konstanten gewürdigt.

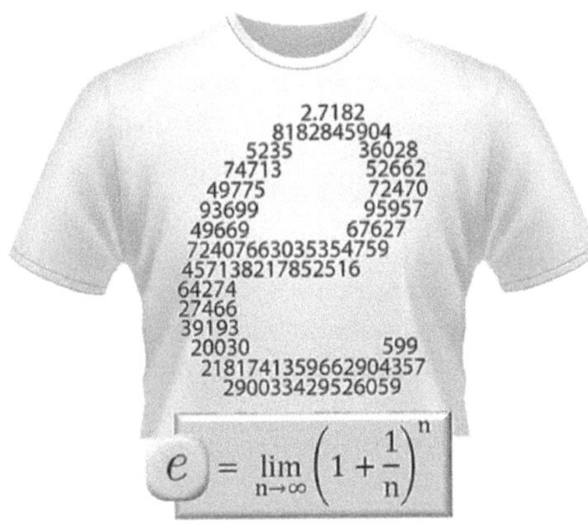


**Abb. 30: Eulersche Konstante**

Doch nicht allein wegen ihrer zahlentheoretischen Charakteristik als eine irrationale und transzendente Zahl und ihres damit verwobenen magischen Erscheinungsbildes in Form einer Dezimalzahl mit einer augenscheinlich nicht enden wollenden Folge von Dezimalstellen kommt der Eulerschen Konstanten die Bedeutung eines „mathematischen Schwergewichts“ zu.[21]

Ihre fundamentale und tragende Bedeutung als ein „Cornerstone“ der höheren Mathematik kann durch eine babylonische Vielfalt von mathematischen Sachverhalten untermauert werden, von denen im Kontext der vorliegenden essayistischen Betrachtungen lediglich nur einige punktuell betrachtet und paradigmatisch beleuchtet werden.

---

[21] Eine umfassende und beeindruckende Darstellung der Eulerschen Konstanten findet man unter anderem bei MAOR, Eli: e – The Story of a Number, Princeton University Press, Princeton, New Jersey 1994.

Das Etikett einer irrationalen und zugleich transzendenten Zahl erklärt sich aus dem Umstand, dass sich die Konstante e (gleichfalls wie die im Kapitel 2.5 betrachtete Kreiszahl Pi) weder als ein Quotient aus zwei natürlichen Zahlen noch als eine Lösung einer algebraischen Gleichung darstellen lässt. Gemäß dem Lateinischen *irrationalis* und *transcendens* kann sie „im wahren Sinn des Wortes" als eine „mit menschlichem Verstand nicht erfassbare" Zahl angesehen werden, die zudem auch noch „alles sinnlich Wahrnehmbare übersteigt".

Interessant und bemerkenswert sind dabei die beiden nachfolgenden Randglossen: Während die Irrationalität von e im Jahr 1737 von Leonhard EULER nachgewiesen wurde[22], konnte der mathematische Beweis ihrer Transzendenz erst wesentlich später im Jahr 1873 durch den französischen Mathematiker Charles HERMITE (*1822, †1901) erbracht werden.[23]

Eine bedeutungsvolle und tragende Rolle, welche der Eulerschen Konstanten e zukommt, wird in Anlehnung an die Abbildung 31 allein schon durch die namentlich vermerkte und grafisch dargestellte Exponentialfunktion

$$y = f(x) = exp(x) = e^x$$

augenscheinlich. Die monoton wachsende Exponentialfunktion wird in einer verkürzenden Notation auch als e-Funktion vermerkt, da sie auf der Konstanten e beruht, die in diesem Blickwinkel wiederum als eine exponentielle Wachstumskonstante interpretiert werden kann, woraus sich auch das Symbol erklären lässt, das mit dem Anfangsbuchstaben von e(xponentiell) identisch ist.

Das Konstrukt der exponentiellen Wachstumszahl wurde erstmals in mathematischen Betrachtungen des Schweizer Mathematikers Jacob BERNOULLI (*1655, †1705) vermerkt, der ein Mitglied der berühmten Mathematiker-Familie der BERNOULLIS war, die auch als „Könige von Basel" bezeichnet wurden.[24]

Ausgangs des 17. Jahrhunderts betrachtete BERNOULLI unter anderem Wachstumsraten von Geldwerten und stellte dabei fest, dass sich bei einer Aufteilung

---

[22] Vgl. MAOR, Eli: e – The Story of a Number, Princeton University Press, Princeton, New Jersey 1994, page 37

[23] Vgl. Brockhaus Enzyklopädie in 30 Bänden, 21., völlig neu bearbeitete Auflage, Leipzig, Mannheim 2006, Band 12, Seite 352

[24] Interessant ist in diesem Zusammenhang ein Hinweis darauf, dass der jüngere Bruder von Jacob BERNOULLI, Johann BERNOULLI (*1667, †1747), wiederum ein Lehrer von solch berühmten Mathematikern wie Guillaume François Antoine, Marquis de L'HOSPITAL, (*1661, †1704) und Leonhard EULER (*1707, †1783) war. Vgl. Brockhaus Enzyklopädie in 30 Bänden, 21., völlig neu bearbeitete Auflage, Leipzig, Mannheim 2006, Band 3, Seite 684 ff und Band 16, Seite 701.

eines Zinsfußes auf immer kleinere Zeitperioden die Wachstumsrate eines Geldwertes einem Wert von 2,718 … nähert.[25]

Gleichwohl die folgenden Betrachtungen wegen ihrer unrealistischen monetären Prämissen skurril erscheinen mögen, sind sie dennoch geeignet, das Wachstumsphänomen arithmetisch anschaulich zu beleuchten. In der Zinseszinsrechnung, die auch als geometrische Verzinsung bezeichnet wird, bildet die Gleichung

$$K_n = K_0 \cdot (1 + r)^n$$

die Berechnungsgrundlage für ein Endkapital $K_n$, wenn man ein Anfangskapital $K_0$ zu einem Zinsfuß r = p / 100 über n Zeitperioden anlegt. p bezeichnet dabei den zugehörigen prozentualen Zinssatz.

Legte man der Einfachheit halber einmal ein Anfangskapital von $K_0$ = 1 € zum einem Zinssatz von p = 100 % an, der wiederum einem Zinsfuß von r = 1 entspricht, dann hätte man für eine Zeitperiode von einem Jahr wegen n = 1 und

$$K_1 = 1 \cdot (1 + 1)^1 = 2$$

ein Endkapital in Höhe von $K_1$ = 2 € zu verbuchen. Würde man in Anlehnung an BERNOULLI ein Anfangskapital von $K_0$ = 1 € für n = 2 Halbjahre zu einem Halbjahreszinsfuß von r = 1/2 = 0,5 anlegen, dann würde man wegen

$$K_2 = 1 \cdot (1 + 0{,}5)^2 = (1 + \frac{1}{2})^2 = 2{,}25$$

ein Endkapital von 2,25 € erheischen, das allein schon im Vergleich zum Endkapital zum festen Jahreszinsfuß ein „Mehr“ von 25 Cent ausmacht. Für eine periodische Verzinsung eines Anfangskapitals von $K_0$ = 1 € über n = 4 Quartale zu einem festen Quartalszinsfuß von r = 1/4 = 0,25 würde man wegen

$$K_4 = 1 \cdot (1 + 0{,}25)^4 = (1 + \frac{1}{4})^4 \cong 2{,}441$$

ein Endkapital von 2,41 € erwarten können. In logischer Konsequenz würde man für eine periodische Verzinsung eines Anfangskapitals von $K_0$ = 1 € über n = 12 Monate zu einem festen Monatszinsfuß von r = 1 / 12 ≅ 0,0833 wegen

---

25 Vgl. Mathematics, An Illustrated History of Numbers, Edited by Tom Jackson, Shelter Harbor Press, New York 2012, 42 New Numbers, New Theories, page 58 sowie BELLOS, Alex: The Grapes of Math, How Life Reflects Numbers and Numbers Reflect Life, Simon & Schuster, New York, London, Toronto, Sydney, New Delhi 2014, Chapter Six, All About e, pp 135

$$K_{12} = 1 \cdot (1 + 0{,}0833)^{12} = (1 + \frac{1}{12})^{12} \cong 2{,}613$$

ein Endkapital von 2,61 € erwarten können, das unter sonst gleichen Bedingungen in einer periodischen Verzinsung von n = 52 Wochen bei einem festen wöchentlichen Zinsfuß von r = 1 / 52 ≅ 0,01923 wegen

$$K_{52} = 1 \cdot (1 + 0{,}01923)^{52} = (1 + \frac{1}{52})^{52} \cong 2{,}693$$

einem Endwert in Höhe von 2,69 € entspräche und schlussendlich von n = 360 Tagen bei einem festen Tageszinsfuß von r = 1 / 360 ≅ 0,00278 wegen

$$K_{360} = 1 \cdot (1 + 0{,}00278)^{360} = (1 + \frac{1}{360})^{360} \cong 2{,}714$$

einem Endwert in Höhe von 2,71 € entspräche. Im Vergleich zum jahreszinsbezogenen Endkapital in Höhe von 2 € würde dies immerhin einen Ertragsunterschied von 71 Cent ausmachen.

Sieht man einmal vom monetären Hintergrund im Blickwinkel immer kleiner werdender Zeitperioden ab und reduziert die exemplarischen Betrachtungen auf ihren numerischen und konvergierenden Kern, dann hat man mit der bereits in der Abbildung 30 indizierten Grenzwertbetrachtung

$$e = \lim_{n \to \infty} \left(1 + \frac{1}{n}\right)^n$$

eine imposante algebraische Darstellung der Eulerschen Konstanten gefunden. Die Abbreviatur *lim* (lies: *Limes von … für n bis unendlich*) ist dem Lateinischen *limes* entlehnt und fungiert in der Mathematik zur Kennzeichnung des Grenzwertes einer Funktion.

Eine andere nicht minder magisch wirkende und auf Leonhard EULER zurückgehende algebraische Darstellung der irrationalen und transzendenten Konstanten e ist der Grenzwert einer unendlichen Reihe, wobei

$$e = \sum_{k=0}^{\infty} \frac{1}{k!} = 1 + \frac{1}{1} + \frac{1}{1 \cdot 2} + \frac{1}{1 \cdot 2 \cdot 3} + \cdots$$

und 0! = 1 gilt. Während der griechische Großbuchstabe Σ (lies: *Sigma*) als Summenoperator (lies: *Summe von … für alle k von null bis unendlich*) fungiert, symbolisiert die verkürzende algebraische Notation k! (lies: *k-Fakultät*) das Produkt der natürlichen Zahlen von 1 bis k (vgl. Kapitel 1.2).

Doch angesichts der Abbildung 31 hebt nicht nur allein eine Betrachtung der Exponentialfunktion die Bedeutung der Eulerschen Zahl e hervor, sondern (in Anlehnung an das Gleichnis von den zwei Seiten einer Medaille) zugleich auch noch die mit der Exponentialfunktion „verwandte" Logarithmusfunktion

$$y = f(x) = log_e(x) = ln(x)$$

auf der Basis des natürlichen Logarithmus. Die Kennzeichnung eines Logarithmus zur Basis „e" als einen natürlichen Logarithmus erklärt sich gleichsam wie die verkürzende und übliche Notation „ln" aus dem lateinischen Terminus *logarithmus naturalis*.

Bleibt man einmal beim Gleichnis von den zwei Seiten einer Medaille, dann wird anhand der Abbildung 31 augenscheinlich, dass die Exponentialfunktion als die Umkehrfunktion der natürlichen Logarithmusfunktion und analog die natürliche Logarithmusfunktion als die Umkehrfunktion der Exponentialfunktion gedeutet werden kann.

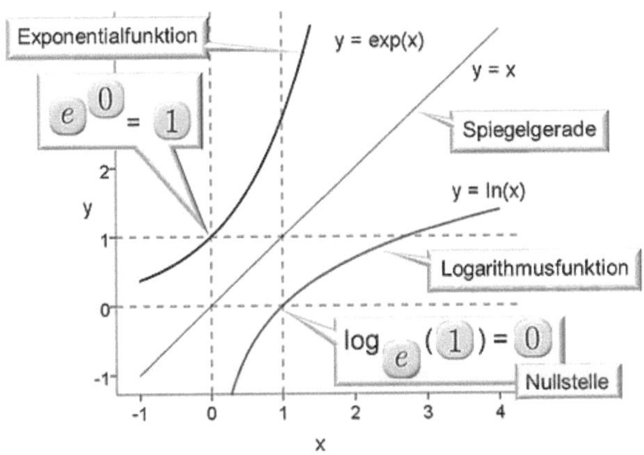


**Abb. 31: Exponential- und Logarithmusfunktion**

Das Konstrukt einer Umkehrfunktion kann man sich im konkreten Fall wie folgt anschaulich verdeutlichen: Die Abbildung 31 liegt für sich allein in gedruckter Form auf einem Blatt Papier vor. Faltet man das Blatt Papier entlang dem Graphen der homogenen linearen Funktion y = x, dann erscheinen die beiden nichtlinearen Graphen der Exponentialfunktion y = exp(x) und der natürlichen Logarithmusfunktion y = ln(x) als deckungsgleich.

Im Blickwinkel dieser „spiegelbildlichen Betrachtungen“ erweisen sich die folgenden Randglossen als interessant und beachtenswert: Der Wertebereich

$$0 < y < +\infty$$

der Exponentialfunktion y = exp(x) ist identisch mit dem Definitionsbereich

$$0 < x < +\infty$$

der Logarithmusfunktion y = ln(x). Umgekehrt ist mit dem Wertebereich

$$-\infty < y < +\infty$$

der Logarithmusfunktion y = ln(x) zugleich auch der Definitionsbereich

$$-\infty < x < +\infty$$

der Exponentialfunktion y = exp(x) in Gestalt der Menge ℝ der reellen Zahlen gegeben.

Für alle positiven reellen Zahlen x > 0 gelten für das Zusammenspiel von Funktion und Umkehrfunktion die Beziehungen

$$e^{ln(x)} = x \text{ und } ln(e^x) = x.$$

Angesichts des in der Abbildung 31 vermerkten „Würfelbildes“ liefert die natürliche Logarithmusfunktion y = ln(x) an der Stelle x = 1 einen Funktionswert von

$$y = f(1) = log_e(1) = ln(1) = 0,$$

dem zugleich auch noch das Nullstellen-Etikett angehängt wurde. Allgemein wird ein Wert x, für den y = f(x) = 0 gilt, als Nullstelle einer mathematischen Funktion y = f(x) gekennzeichnet.

Der Funktionswert y der zur Logarithmusfunktion y = ln(x) gehörenden Umkehrfunktion y = exp(x) = $e^x$ ist analog zum plakatierten „Würfelbild“ wegen

$$y = exp(ln(1)) = e^{ln(1)} = e^0 = 1$$

identisch mit der Nullstelle x = 1 der Logarithmusfunktion y = ln(x). Allein angesichts dieser Gleichung wird eine Eigenschaft augenscheinlich, die als sogenannte Nullpotenz mit dem numerischen Reim umschrieben werden kann: „Erscheint die Null als ein Exponent, dann ist die Eins in ihrem Element.“

In „umgekehrter Betrachtung“ ist der Funktionswert y der zur Exponentialfunktion exp(x) gehörenden Umkehrfunktion ln(x) wegen

$$y = ln\big(exp(0)\big) = ln(e^0) = ln(1) = 0$$

identisch mit dem als Nullstelle markierten Funktionswert y der Logarithmusfunktion y = ln(x) an der Nullstelle x = 1.

Vor allem im Hinblick auf die Ausführungen im Kontext des Kapitels 3.2 erscheint die folgende Randglosse als interessant und bemerkenswert: Allein schon mit den drei auf dem magischen Hexaeder vermerkten Zahlen 0, 1 und e können die skizzierten funktionalanalytischen Betrachtungen motiviert, bildhaft unterlegt und „numerisch geschmückt" werden.

Doch damit noch nicht genug der Verwunderung. Der lakonische Hinweis darauf, dass die Exponentialfunktion

$$y = f(x) = exp(x) = e^x$$

die einzige mathematische Funktion ist, die mit ihrer ersten Ableitung

$$\frac{dy}{dx} = e^x$$

identisch ist, gleicht einem „Salto mortale", der im konkreten Fall wohl nicht tödlich, dafür aber im Sinne eines kraftvollen und gewaltigen Drehsprungs von substantieller Bedeutung ist, da man damit gleichsam auf das mathematische Gebiet der Differentialrechnung im Speziellen und der Infinitesimalrechnung im Allgemeinen geschleudert wird.

An dieser Stelle sollen einzig und allein aus historischer Sicht die geistigen Urväter der Infinitesimalrechnung würdigend erwähnt werden: Zum einen der deutsche Universalgelehrte Gottfried Wilhelm LEIBNIZ (*1646, †1716) und zum anderen der englische Wissenschaftler Isaac NEWTON (*1643, †1727). Exemplarische Anwendungen der Infinitesimalrechnung in ihrer zweiseitigen und untrennbar miteinander verwobenen Betrachtung von Differential- und Integralrechnung sind ein Gegenstand der Betrachtungen im Kontext des dritten Kapitels.

Während die Differentialrechnung ihrem lateinischen Wortursprung gemäß das Rechnen mit infinitesimalen Differenzen, also mit unendlich kleinen Unterschieden kennzeichnet, subsumiert man unter dem Begriff der Integralrechnung das Summieren infinitesimaler bzw. unendlich kleiner Werte.

Beachtenswert sind in diesem Zusammenhang zwei Randglossen: Erstens ist der Kleinbuchstabe d, der nach LEIBNIZ als das Differentialsymbol fungiert, mit dem Anfangsbuchstaben des lateinischen Begriffs *differentia* in seiner Übersetzung als „Differenz bzw. Unterschied" identisch. Zweitens ist das Leibnizsche Integralsymbol ∫ als ein „langgezogenes S" ein Hinweis auf den Anfangsbuchstaben des lateinischen Begriffs *summa* in seiner Übersetzung als „Summe".

## 2.5 Die Kreiszahl π

Im Vergleich zum mathematisch bedeutungsvollen und schwergewichtigen „Newcomer e" kann die in der Abbildung 32 auf einer Würfelfläche plakatierte Kreiszahl Pi zumindest und zweifelsfrei mit dem würdigenden Siegel einer allbekannten Zahl versehen werden.

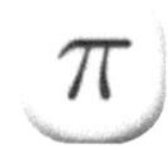

**Abb. 32: Pi**

Historisch belegt ist das Bestreben des berühmten Mathematikers der griechischen Antike ARCHIMEDES von Syrakus (*ca. 287 v.Chr., † 212 v.Chr.), die exakten Geheimnisse dieser Zahl zu ergründen, oder etwas zurückhaltender formuliert, sich ihr zu nähern. ARCHIMEDES ergänzte Kreise mit einbeschriebenen und umbeschriebenen regelmäßigen Polygonen bzw. Vielecken und gelangte letztlich anhand eines 96-Ecks mittels geometrischer Berechnungen zu einer Unterschranke von „drei und zehn Einundsiebzigstel" und zu einer Oberschranke von „drei und ein Siebentel", sodass der Kreiszahl Pi wegen

$$3\frac{10}{71} = \frac{223}{71} < \pi < 3\frac{1}{7} = \frac{22}{7}$$

„in etwa und im Mittel" ein Wert von 3,14185 zugewiesen werden konnte.[26]

Der Legende nach soll ARCHIMEDES, der bei der Eroberung von Syrakus von römischen Legionären erschlagen wurde[27], die Soldaten vor dem tödlichen Schlag mit dem irritierenden Zuruf ermahnt haben: „Zerstört mir meine Kreise nicht". In diesem Blickwinkel ist es auch nachvollziehbar, warum in der Mathematik unabhängig davon, ob historisch verbrieft oder legendenumwoben, die Kreiszahl Pi auch als ARCHIMEDES-Konstante bezeichnet wird.

Mitunter findet man die Kreiszahl Pi in Würdigung des niederländischen Mathematikers Ludolph van CEULEN (*1540, †1610) gleichsam mit dem Namensetikett „Ludolphsche Zahl" versehen, da er die Kreiszahl erstmals mit insgesamt 35 Dezimalstellen berechnete und seine Berechnungen mit dem finalen Kommentar

---

[26] Vgl. Kleine Enzyklopädie Mathematik, VEB Bibliographisches Institut Leipzig 1977, 7.9 Kreis, Seite 187

[27] Vgl. LÜBKERS, Friedrich: Reallexikon des klassischen Altertums, Achte vollständig umgearbeitete Auflage, Druck und Verlag von B. G. Teubner, Leipzig, Berlin 1914, Seite 24

„Die lust heeft, can naerder comen“ versah, wonach sinngemäß ein jeder, der den inneren Drang verspürt, der Zahl auch näher kommen kann.[28]

Das übliche und gemäß Abbildung 32 zugleich auch auf dem magischen Spielwürfel vermerkte Symbol in Gestalt des griechischen Kleinbuchstabens π (lies: *Pi*) geht ursprünglich auf den englischen Mathematiker William JONES (*1675, †1749) zurück, der in seinem im Jahr 1706 erschienen Buch *Synopsis palmariorum matheseos* erstmals den griechischen Kleinbuchstaben π zur Kennzeichnung des Verhältnisses von Kreisumfang und Kreisdurchmesser benutzte.[29]

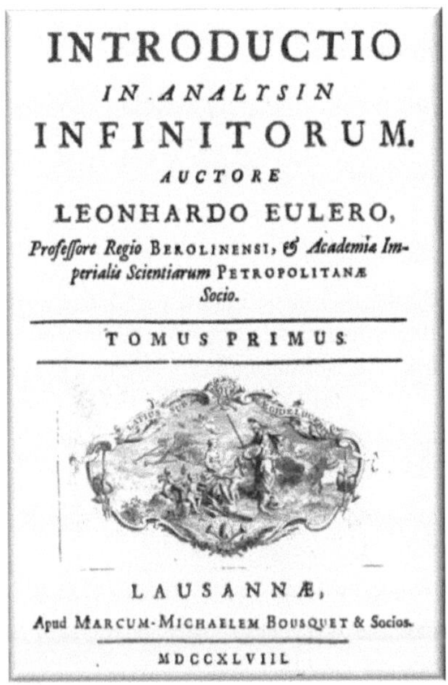

INTRODUCTIO
IN ANALYSIN
INFINITORUM.
AUCTORE
LEONHARDO EULERO,
Professore Regio BEROLINENSI, & Academiæ Imperialis Scientiarum PETROPOLITANÆ Socio.
TOMUS PRIMUS.
LAUSANNÆ,
Apud MARCUM-MICHAELEM BOUSQUET & Socios.
MDCCXLVIII.

**Abb. 33: Introductio in Analysin Infinitorum**

Seine eigentliche Popularität erfuhr dieses Symbol allerdings erst durch den Schweizer Mathematiker Leonhard EULER (*1707, †1783), der in seinem 1748 erschienen Buch *Introductio in analysin infinitorum*, dessen Titelblatt in der Abbildung

---

28 Vgl. POSAMENTIER, Alfred S. & Ingmar LEHMANN: π - A Biography of the World´s Most Mysterious Number, Prometheus Books, Amherst, New York 2004, page 24

29 Vgl. POSAMENTIER, Alfred S. & Ingmar LEHMANN: π - A Biography of the World´s Most Mysterious Number, Prometheus Books, Amherst, New York 2004, page 67

33 vermerkt ist, das Symbol $\pi$ gleichfalls zur Kennzeichnung des Verhältnisses eines Kreisumfanges zu seinem Durchmesser benutzte.

Inwieweit sich JONES und/oder EULER davon haben inspirieren lassen, dass das Kreiszahlensymbol identisch ist mit dem ersten Buchstaben des griechischen Wortes *perimetros* in seiner Bedeutung „Umfang (eines Kreises)", bleibt eine Vermutung, die logisch nachvollziehbar und zumindest einer Randglosse wert ist.

Gleichwohl es eine Vielzahl von Algorithmen zur Berechnung der Kreiszahl Pi gibt, soll einzig und allein der Anschaulichkeit halber eine Berechnungsvorschrift vermerkt werden, die wiederum auf einer Idee von EULER beruht und in Form einer Grenzwertbetrachtung als eine unendliche Reihe algebraisch dargestellt werden kann. Angesichts der Formel

$$\pi = 4 \cdot \sum_{k=1}^{\infty} \frac{(-1)^{k+1}}{2 \cdot k - 1}$$

drängt sich unwillkürlich und zwangsläufig die Frage nach dem Wesen der Konstanten Pi auf.

Das Problem einer endgültigen mathematischen Charakteristik als eine irrationale und transzentente Zahl wurde erst ausgangs des 19. Jahrhunderts gelöst. Während im Jahr 1767 der elsässische Mathematiker Johann Heinrich LAMBERT (*1728, †1777) die Irrationalität der Zahl Pi bewiesen hatte, konnte erst im Jahr 1882 der deutsche Mathematiker Carl Luis Ferdinand VON LINDEMANN (*1862, †1939) ihre Transzendenz nachweisen.[30]

Mit Hilfe moderner Rechentechnik wurde die Kreiszahl Pi inzwischen mit mehr als einer Billion Dezimalstellen dargestellt.[31]

Dass die Kreiszahl Pi nicht nur im elementaren Gefüge von „Kreisumfang ist gleich Kreisdurchmesser mal Kreiszahl" oder „Kreiszahl ist gleich Kreisumfang durch Kreisdurchmesser" in Erscheinung tritt, bedarf eigentlich keines weiteren Hinweises. Allein das geflügelte Wort „Pi mal Daumen" zur verbalen Kennzeichnung von groben zahlenmäßigen Abschätzungen kann als Indiz dafür angesehen werden, dass die Kreiszahl unabhängig von ihrem mannigfaltigen mathematischen Erscheinungsbild auch in unserer Alltagssprache omnipräsent ist.

---

[30] Vgl. Brockhaus Enzyklopädie in 30 Bänden, 21., völlig neu bearbeitete Auflage, Leipzig, Mannheim 2006, Band 21, Seite 445

[31] Vgl. POSAMENTIER, Alfred S. & Ingmar LEHMANN: $\pi$ - A Biography of the World´s Most Mysterious Number, Prometheus Books, Amherst, New York 2004. Im Abschlusskapitel "Epilogue" wurde die Zahl Pi allein mit 1,24 Billionen Nachkommastellen „schwarz auf weiß" auf insgesamt 27 Seiten angeboten und abgedruckt.

Ihr mannigfaltiges mathematisches Erscheinungsbild selbst wiederum kann man am trefflichsten wohl mit dem geflügelten Wort „von der babylonischen Vielfalt“ umschreiben und durch den Hinweis ergänzen, dass im Kontext des dritten Kapitels einzelne Erscheinungsbilder exemplarisch vorgestellt und erläutert werden.

Ein wohl eher skurril anmutendes Erscheinungsbild der Kreiszahl Pi wird in der Abbildung 34 angeboten. Nicht nur in den USA, sondern weltweit wird von Zahlenenthusiasten am 14. März eines Jahres der sogenannte „Pi(e) Day“ feierlich begangen, wobei die Party (etwa mit einer Pi-etikettierten Tasse Kaffee und einem Pi-verzierten Kuchen) möglichst nachmittags um 1 Uhr 59 beginnen sollte.

In der US-amerikanischen Datums- und Zeitnotation würde man dies mit der Ziffernfolge 3-1-4-1-5-9 bewerkstelligen, die wiederum die ersten Ziffern der Kreiszahl Pi markieren. Der geniale Physiker und Begründer der Relativitätstheorie Albert EINSTEIN (*1879, †1955), dessen Geburtstag auf den 14. März fällt bzw. fiel, hätte vermutlich immer an einer „Pi(e) Party“ teilgenommen.

**Abb. 34: Pi(e) Day**

Auch an deutschen Universitäten und Hochschulen wird von Zahlenenthusiasten der sogenannte π-Tag feierlich begangen, jedoch nicht am 14. März, sondern am 22. Juli eines Jahres, da in Anlehnung an die Betrachtungen von ARCHIMEDES und angesichts der in Europa üblichen Datumsnotation 22.7. der Quotient

$$\frac{22}{7} \approx 3{,}1428$$

eine erste und grobe Näherung für bzw. an die Kreiszahl Pi kennzeichnet.

Nicht minder eigenwillig und schräg und dennoch originell erscheint analog zur Abbildung 35 eine verbale Darstellung der Kreiszahl Pi in Form eines sogenannten Pi-Memory[32]. In dieser verbalen Gedächtnisstütze wird jeder Ziffer der Kreiszahl ein Wort oder ein Symbol zuordnet, dessen Buchstaben- oder Zeichenanzahl identisch ist mit dem natürlichen Zahlenwert der jeweiligen Ziffer.

Doch noch mehr! Die Wörter sollen in ihrem gesamten Erscheinungsbild nicht nur ein sinnhaftes und einprägsames Gleichnis darstellen, sondern stets auch in ihrer Umkehrung durch Buchstaben- und Zeichenzählungen eine numerische Darstellung der Kreiszahl auf eine bestimmte Anzahl von Dezimalstellen genau gewähren. Immerhin kann man mit Hilfe des in der Abbildung 35 angebotenen Gleichnisses „Wie, o!, dies π macht ernstlich so vielen viele Müh." die Kreiszahl Pi auf neun Dezimalstellen und damit für praktische Anwendungen hinreichend genau darstellen.

| Wie | o | ! | dies | π | macht | emstlich | so | vielen | viele | Müh |
|---|---|---|---|---|---|---|---|---|---|---|
| 3 | . | 1 | 4 | 1 | 5 | 9 | 2 | 6 | 5 | 3 |

**Abb. 35: Pi-Memory**

Und wenn sich der interessierte Leser bisher noch nicht vom „wusten Zahlenzauber" hat irritieren lassen, so bleibt im Hinblick auf das nachfolgende Kapitel zumindest die stille Hoffnung, dass dieser ermutigende Befund zum Schluss nicht doch noch zu einer imaginären Vorstellung mutiert.

## 2.6 Die imaginäre Einheit i

Eingedenk der Kapitelüberschrift scheint man angesichts der Abbildung 36 in einem ersten Augenblick mit einem „Würfelhammer den Nagel auf den Kopf" getroffen zu haben, wenn man die imaginäre Einheit i in Form einer „Quadratwurzel aus minus eins" im wahren Sinn des Wortes als eine „nur vorgestellte und real nicht existierende Einheit" interpretiert und mit einem Fragezeichen assoziiert, das nicht nur „auf dem Kopf steht", sondern zugleich auch noch eine Menge von Irritationen erzeugt und Fragen aufwirft.

Gleichsam wie im Hinblick auf die Abbildung 13, in der die Null als eine blasphemische Zahl interpretiert wurde, würde man angesichts der Abbildung 36 wiederum Hamlet zitieren und die imaginäre Einheit i mit der substantiellen Frage vom

[32] Vgl. POSAMENTIER, Alfred S. & Ingmar LEHMANN: π - A Biography of the World´s Most Mysterious Number, Prometheus Books, Amherst, New York 2004, page 124

„Sein oder Nichtsein“ verbinden. Selbst dem bereits mehrfach würdigend erwähnten Universalgelehrten Gottfried Wilhelm LEIBNIZ (*1646, †1710) wird eingangs des achtzehnten Jahrhunderts das Gleichnis zugeschrieben, wonach die Wurzel aus minus Eins „einer Amphibie gleicht, die zugleich im Sein und im Nichtsein existiert“.[33]

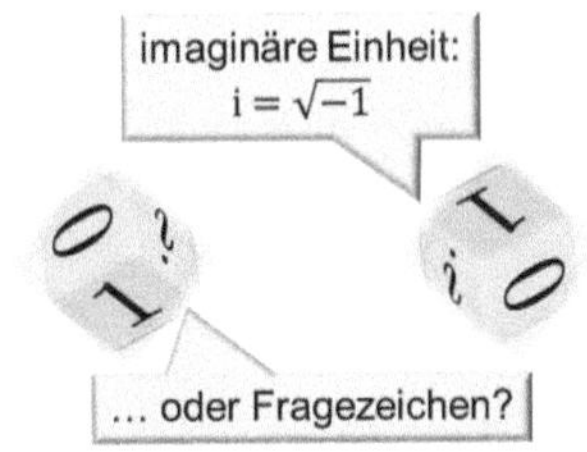


**Abb. 36: Imaginäre Einheit**

Aus zahlentheoretischer Sicht ordnet man in Ergänzung der Zahlenmengenbetrachtungen innerhalb der Abbildung 25 die indizierte imaginäre Einheit i der Menge der komplexen Zahlen

$$\mathbb{C} = \{z = a + b \cdot i \mid a, b \in \mathbb{R}, i = \sqrt{-1}\}$$

zu. Allein aus der formalen Darstellung der Menge der komplexen Zahlen $\mathbb{C}$ wird ersichtlich, dass eine komplexe Zahl als eine Kombination aus einer reellen Zahl und einer imaginären Zahl erscheint.

Betrachtet man der Einfachheit und Anschaulichkeit halber einmal nur die Quadratwurzel aus der negativen ganzen Zahl –4, dann leuchtet unter Beachtung der allgemeingültigen und bekannten Rechenregeln die folgende Darstellung

$$\sqrt{-4} = \sqrt{4 \cdot (-1)} = \sqrt{4} \cdot \sqrt{-1} = 2 \cdot i = 2i$$

ein, die wiederum verallgemeinernd wie folgt zusammengefasst werden kann:

$$\sqrt{-n} = (\sqrt{n}) \cdot i.$$

Allgemein kennzeichnet man eine Wurzel aus einer negativen Zahl in ihrer Darstellung als ein Vielfaches der imaginären Einheit i als eine imaginäre Zahl und in Erweiterung dessen zum Beispiel die zahlenmäßige Darstellung

33 Vgl. BELLOS, Alex: The Grapes of Math, How Life Reflects Numbers and Numbers Reflect Life, Simon & Schuster, New York, London, Toronto, Sydney, New Delhi 2014, Chapter Seven, The Positive Power of Negative Thinking, pp 182

$$z = 2 + 2 \cdot i$$

als eine komplexe Zahl.

Stellt man analog zur Abbildung 37 die komplexe Zahl

$$z = 2 + 2 \cdot i$$

in einer Zahlenebene bildhaft dar, dann ist auf der Abszisse die reelle Zahl a = 2 und auf der Ordinate die imaginäre Zahl 2i als Produkt aus der reellen Zahl b = 2 und der imaginären Einheit i vermerkt.

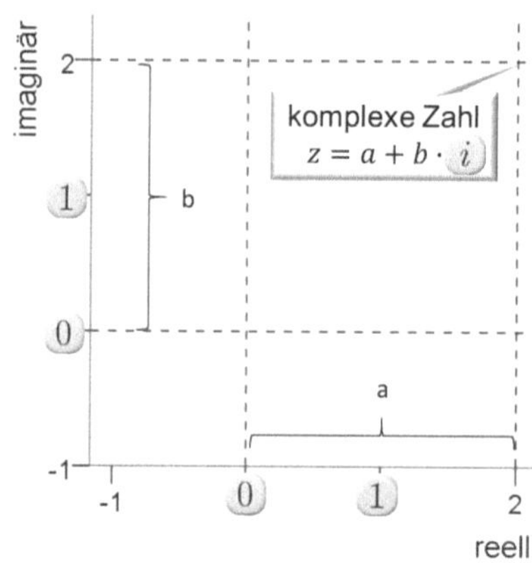


**Abb. 37: Komplexe Zahlenebene**

In dieser Hinsicht lässt eine komplexe Zahlenebene Ähnlichkeiten zu einer reellen Zahlenebene in Form eines sogenannten Koordinatensystems augenscheinlich werden. Zudem kann man unter Berücksichtigung spezieller Regeln mit komplexen Zahlen genauso rechnen wie mit reellen Zahlen. Beachtenswert ist dabei das Spezifikum, dass eine Gleichung mit komplexen Zahlen immer nur eine Lösung mit komplexen Zahlen produziert.[34]

Ernüchternd und erlösend zugleich wirkt dabei die Feststellung, dass komplexe Zahlen in unserem alltäglichen Umgang mit Zahlen im Sinne des Zählens, Messens oder Rechnens irrelevant und entbehrlich sind.

---

[34] Vgl. BEHRENDS, Erhard: Fünf Minuten Mathematik, 100 Beiträge der Mathematik-Kolumne der Zeitung DIE WELT, 3., aktualisierte Auflage, Springer Spektrum Wiesbaden 2013, 94. Komplexe Zahlen sind gar nicht so kompliziert …, Seite 234 ff

Im Gegensatz dazu sind komplexe Zahlen im Allgemeinen und die imaginäre Einheit i im Speziellen vor allem in der höheren Mathematik, in der Physik und in den Ingenieurwissenschaften unentbehrlich und von praktischer Relevanz zumal ihnen hier eine gleiche Bedeutung zukommt wie etwa den natürlichen Zahlen beim Zählen, den ganzen Zahlen bei Ablesen der Außentemperatur von einem Thermometer oder den reellen Zahlen beim kaufmännischen Berechnen von Gewinnen und Verlusten.

Ein anschauliches und zugleich erstaunliches Ergebnis liefert die Gleichung

$$x = \sqrt{\sqrt{-1}},$$

die auch in Form der Gleichungen

$$x^2 = \sqrt{-1} \text{ oder } x^2 = i$$

dargestellt werden kann und als eine beeindruckende Lösung die komplexe Zahl

$$x = \frac{1}{\sqrt{2}} + \left(\frac{1}{\sqrt{2}}\right) \cdot i$$

besitzt. Unter Anwendung der üblichen arithmetischen Rechenregeln kann man zeigen und leicht nachvollziehen, dass wiederum

$$x^2 = \left(\frac{1}{\sqrt{2}} + \left(\frac{1}{\sqrt{2}}\right) \cdot i\right)^2 = \frac{1}{2} + i - \frac{1}{2} = i$$

gilt.[35] Die allgemeine Lösbarkeit von Gleichungen mit komplexen Zahlen ist ein Grund dafür, warum ihnen in der höheren Mathematik eine so große Bedeutung zugewiesen wird. Es war der geniale und berühmte deutsche Mathematiker Carl Friedrich GAUß (*1777, †1855), der im Jahr 1832 die ersten hieb- und stichfesten mathematischen Beweise hinsichtlich der Lösbarkeit von Gleichungen mit komplexen Zahlen erbrachte.[36]

Im Blickwinkel historischer Notizen zur imaginären Einheit und zu den komplexen Zahlen gilt es noch eine beachtenswerte Randglosse zu vermerken: Man schrieb das Jahr 1637, als der französische Mathematiker und Naturwissenschaftler René DESCARTES (*1596, †1650) erstmals eine Quadratwurzel aus negativen

---

[35] Vgl. BELLOS, Alex: The Grapes of Math, How Life Reflects Numbers and Numbers Reflect Life, Simon & Schuster, New York, London, Toronto, Sydney, New Delhi 2014, Chapter Seven, The Positive Power of Negative Thinking, pp 166

[36] Vgl. ROONEY, Anne: The Story of Mathematics, From creating the pyramids to exploring infinity, Acturus Publishing Limited, London 2008, page 55

Zahlen als „imaginär" bezeichnete und ein Jahrhundert später der Schweizer Mathematiker Leonhard EULER (*1707, †1783) nicht nur DESCARTES Wortschöpfung übernahm, sondern zugleich auch noch den Anfangsbuchstaben i als Symbol für die imaginäre Einheit einführte.

Einen ganz besonderen Platz bekommt in der höheren Mathematik beim Rechnen mit komplexen Zahlen die sogenannte Eulersche Formel

$$e^{i \cdot x} = \cos(x) + i \cdot \sin(x)$$

eingeräumt, die in Gestalt einer komplexen Exponentialfunktion ein Zusammenspiel der Exponentialfunktion $e^x$, der imaginären Einheit i und der orthogonalen trigonometrischen Funktionen cos(x) und sin(x) indiziert. Ein beeindruckendes Erscheinungsbild der komplexen Exponentialfunktion gewährt die Abbildung 38, in der mittels dreidimensionaler Grafiken zum einen der reelle und zum anderen der imaginäre Teil bildhaft dargestellt sind.

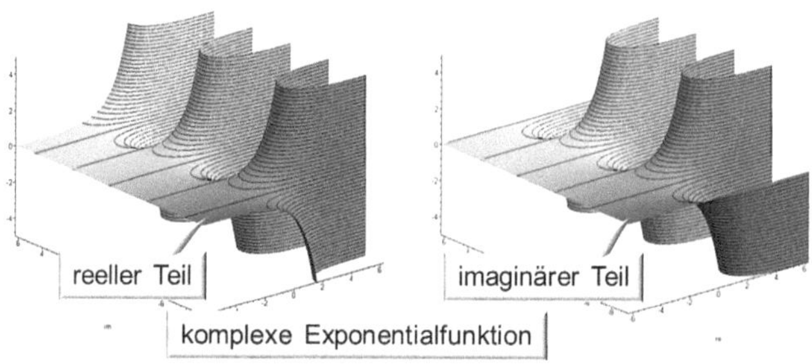


**Abb. 38: Komplexe Exponentialfunktion**

Dass die Eulersche Formel in ihrer Betrachtung in einer komplexen Zahlenebene letztlich auf die sogenannte Eulerschen Identität

$$e^{i \cdot \pi} + 1 = 0$$

zurückgeführt werden kann, wird im Kontext des Kapitels 3.6 näher und paradigmatisch beleuchtet. Beachtenswert sind im Hinblick auf die Eulersche Identität zwei finale und das Kapitel abschließende Randglossen: Erstens wird die Eulersche Identität in ihrer algebraischen Darstellung allein durch fünf der sechs auf dem magischen Spielwürfel vermerkten Symbole getragen und zweitens bekommt die imaginäre Einheit i nicht nur einen besonderen, sondern zugleich auch noch einen „exponierten" Platz eingeräumt.

# 3 Konzertante Auftritte eines Zahlensextetts

Die Abbildung 39 soll ein bildhaftes Gleichnis für die gewählte und etwas eigenartig anmutende Kapitelüberschrift gewähren.

**Abb. 39: Zahlensextett**

Gemäß dem Lateinischen *concertare* wird ein Konzert oder ein konzertanter Auftritt in seiner ursprünglichen Übersetzung als ein Wetteifern gekennzeichnet, das im konkreten Fall von sechs Musikern gemeinsam bewerkstelligt und betrieben wird, die in Anlehnung an das Italienische *sestetto* oder an das Französische *sextetto* „kurz und bündig“ als ein Sextett bezeichnet werden.

Da jeder der sechs Musiker zudem noch symbolisch mit einer Plakette geschmückt wurde, die jeweils mit einer der sechs kongruenten Seiten des magischen Hexaeders übereinstimmt, ist letztlich auch das Gleichnis von einem Zahlensextett motiviert und semantisch erklärt worden.

Dass im Rahmen eines Konzerts nicht immer alle Musiker zugleich „wetteifern“, sondern in Anlehnung an das Lateinische und/oder Italienische auch allein in einem Solo, zu zweit in einem Duett, zu dritt in einem Trio, zu viert in einem Quartett, zu fünft in einem Quintett oder eben zu sechst in einem Sextett in Aktion treten, liegt dabei auf der Hand.

Bedenkt man zudem, dass in einem kombinatorischen Sinne wegen

$$\binom{6}{2} = \frac{6 \cdot 5}{1 \cdot 2} = 15$$

allein schon fünfzehn wohl voneinander zu unterscheidende numerische Duette denkbar sind, leuchtet es bereits an dieser Stelle intuitiv ein, dass in den nachfolgenden Kapiteln nicht alle möglichen, sondern einmal nur ausgewählte konzertante Auftritte aufgezeichnet und kommentiert werden können und sollen.

## 3.1 Numerische Soli

### Null-Soli

Sowohl als ein numerisches Solo als auch als eine praktische und lebensnahe Würdigung der Zahl Null kann die Abbildung 40 interpretiert werden, in der die Zahl Null in Gestalt des Nullpunktes zweier unterschiedlicher und weltweit benutzter Temperaturskalen in Erscheinung tritt.

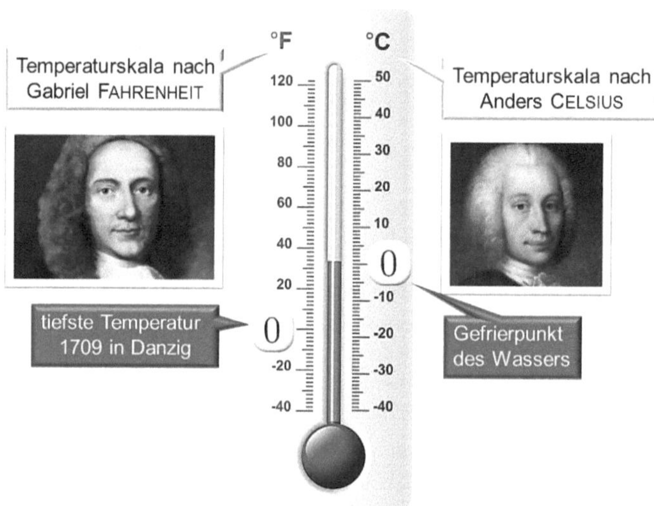


**Abb. 40: Fixpunkt null Grad**

Man schrieb das Jahr 1714 als der deutsch-niederländische Physiker und Begründer der sogenannten Thermometrie Daniel Gabriel FAHRENHEIT (*1686, †1736) die im Winter 1708/09 in Danzig gemessene tiefste Temperatur als den Nullpunkt der nach ihm benannten Temperaturskala festlegte, deren Werte in Grad Fahrenheit gemessen und mit der Kennung °F versehen werden. In den USA werden Temperaturangaben heutzutage noch offiziell in Grad Fahrenheit gemessen und angezeigt.[37] Im Unterschied zur Temperaturskala nach FAHRENHEIT markiert der

---

[37] Für alle, die gerne in die USA reisen und sich mit den dort üblichen Temperaturangaben schwertun, erweist sich dieser zahlenspielerische und auf einem Ziffernaustausch basierende Hinweis als hilfreich: 61 °F entsprechen etwa 16 °C. Für vergleichende Betrachtungen von Temperaturveränderungen gelten die folgenden Faustregeln: Eine Veränderung von 1 °F bzw. 1 °C entspricht einer Veränderung von 5/9 °C bzw. 9/5 °F.

Fixpunkt null Grad Celsius bzw. 0 $^0$C auf der nach dem schwedischen Physiker und Astronomen Anders CELSIUS (*1701, †1744) benannten, 1742 eingeführten und unterdessen weltweit benutzten Temperaturskala den Gefrierpunkt des Wassers bei normalem Luftdruck.

Eine aus unserem alltäglichen Dasein entlehnte solitäre Würdigung der Zahl Null vermittelt die Abbildung 41, in der sie den Ausgangspunkt des Messens der Länge, der Höhe oder des Umfangs eines Objektes mit einem Bandmaß markiert.

**Abb. 41: Null als Ausgangpunkt des Messens**

Im konkreten Fall handelt es sich um ein metrisches Bandmaß, das auf dem sogenannten Urmeter beruht, das wiederum im Zuge der französischen Revolution 1793 als „egales Maß“ eingeführt wurde und als „Längennormale“ im Internationalen Büro für Maße und Gewichte in Sévres bei Paris ausliegt.

Eine gleichsam anschauliche und erwähnenswerte Metapher von einem geografischen und auf dem sogenannten Urmeter beruhenden Nullpunkt gewährt die Steinplatte in der Abbildung 42, welche in der Puerta del Sol in Madrid den „Ausgangspunkt der strahlenförmig verlaufenden Straßen“ schmückend markiert.

**Abb. 42: Km.0-Punkt, Puerta del Sol, Madrid**

Die vermerkte Abbreviatur *Km.0* symbolisiert den „Kilometer“ Null, der gemäß dem Griechischen *chilioi* für „tausend“ und *metron* für „das Maß“ als Maßeinheit für eintausend Längenmeter fungiert.

Ein markantes geografisches und allein die Zahl Null würdigendes Fixum indiziert die Abbildung 43.

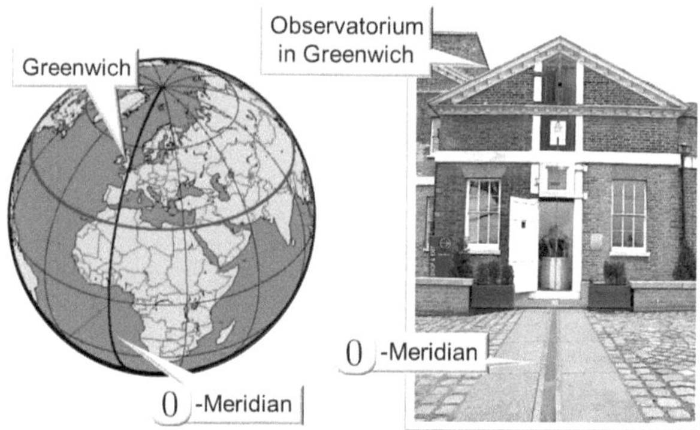


**Abb. 43: Nullmeridian**

Es ist der sogenannte Nullmeridian, der in Gestalt eines zum Erdäquator senkrecht stehenden und vom Nordpol zum Südpol verlaufenden Halbkreises den „nullten Längengrad" markiert, von dem aus die geografische Länge eines Ortes nach Osten oder nach Westen in Form eines Winkelmaßes in der Regel in Grad und Minuten gemessen und festgelegt wird.

Dass der Nullmeridian durch das „alte königliche Observatorium" im Londoner Stadtteil Greenwich verläuft, beruht auf einer Konvention, die im Jahr 1884 auf einer internationalen Konferenz in Washington, D(istrict of) C(olumbia), USA, getroffen wurde.[38] Während der Nullmeridian der Ausgangspunkt einer geografischen Längengradmessung markiert, kennzeichnet der Äquator, der seinem lateinischen Wortursprung gemäß ein „Gleichmacher" ist, da er die Erdoberfläche in eine Nord- und in eine Südhälfte teilt, den Ausgangs- oder Nullpunkt einer geografischen Breitenmessung in Grad und Minuten nördlicher und südlicher Breite.

Die Stadtmitte Berlins würde man zum Beispiel mit den folgenden geografischen Koordinaten kennzeichnen: 13 Grad 40 Minuten östlicher Länge und 52 Grad 52 Minuten nördlicher Breite.

In Anlehnung an das Gleichnis von den untrennbaren Geschwistern „Raum und Zeit" gewährt der Nullmeridian als „Ausgangslinie geometrischen Längenmessens" einen historisch interessanten Übergang zur *Greenwich Mean Time*, die bis

[38] Vgl. Brockhaus Enzyklopädie in 30 Bänden, 21., völlig neu bearbeitete Auflage, Leipzig, Mannheim 2006, Band 20, Seite 120

1972 in Gestalt der mittleren Sonnenzeit am Nullmeridian zugleich auch als Weltzeit mit der Kennung GMT fungierte.

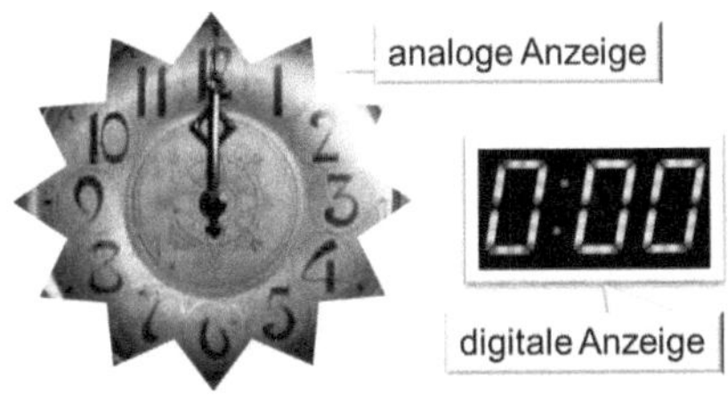


**Abb. 44: Null Uhr**

Was liegt dabei näher, als mit Hilfe der Abbildung 44 die Zeitangabe von „null Uhr“ bildhaft zu präsentieren und verbal zu kommentieren, indem sie einerseits auf einem Ziffernblatt analog, das dem Griechischen *analogos* gemäß mit sinngemäß übersetzt werden kann, und andererseits digital, das gemäß dem Englischen *digit* in seiner Übersetzung als Ziffer oder Ziffernstelle, mit einem dreimaligen Erscheinungsbild der Ziffer Null angezeigt wird.

Doch dort, wo analog zur digitalen Anzeige erhellte Nullen leuchten, ist dieses Leuchten stets und unabdingbar mit einem dunklen Hintergrund verwoben.

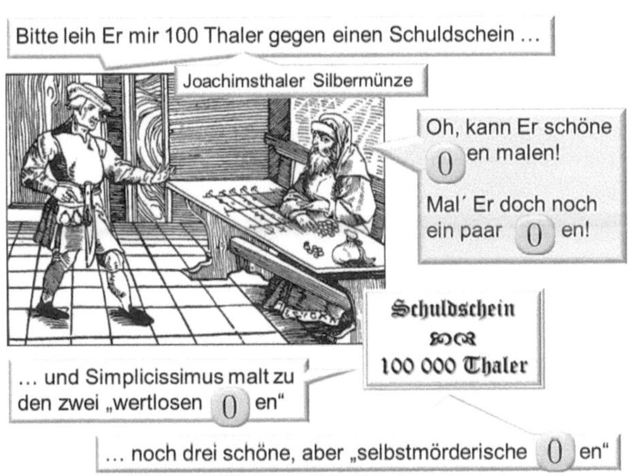


**Abb. 45: Die Null als eine verkannte Zahl**

Die auf einen ersten Blick etwas skurril und düster anmutende Bildgeschichte innerhalb der Abbildung 45 „von der Null als einer verkannten Zahl“ basiert auf einer sich fest ins Gedächtnis eingeprägten Erinnerung an die eigene Grundschulzeit, in welcher der Lehrer im Bestreben, uns Schulkindern im mehrheitlich nicht sehr beliebten Fach „Rechnen" die Bedeutung der Zahl Null zu vermitteln, sich dieses anschaulichen (und historisch nicht verbrieften) Gleichnisses bediente.

Der ehrbare, jedoch mit der Bedeutung der Zahl Null sichtlich nicht sehr vertraute Bauer, der in Anlehnung an den erfolgreichsten deutschen Roman des 17. Jahrhunderts „Der abenteuerliche Simplicissimus Teutsch" von Johann Jakob Christoffel von GRIMMELSHAUSEN (*1622, †1676) Simplicius Simplicissimus heißen soll[39], leiht sich gegen einen Schuldschein bei einem hintertriebenen und mit der Zahl Null wohl vertrauten Geldverleiher 100 Thaler. Jahre später, als der Bauer bereits verstorben war, forderte der Geldverleiher von dessen Kindern die auf dem Schuldschein mit den „schönen und zusätzlich gemalten Nullen" verbriefte und „selbstmörderische" Schuld ein.

Hier ist es offensichtlich so wie bei vielen Märchen der Gebrüder Jacob GRIMM (*1785, †1863) und Wilhelm GRIMM (*1786, †1859): Je trauriger und grausamer eine Geschichte ist, umso einprägsamer ist ihre gedächtnishaftende Wirkung.

Mit Hilfe der Abbildung 46 soll in Erinnerung an das in der Pennäler-, Militär- und Studienzeit am Biertisch oft praktizierte Skatspiel die Zahl Null mit diesem theoretisch möglichen, aber sehr unwahrscheinlichen Erscheinungsbild, das im Skatsprachgebrauch unter der Kennung eines Null-Ouvert-Hand firmiert, eine weitere alleinige und würdigende Betrachtung erfahren.

**Abb. 46: Null-Ouvert-Hand**

[39] Vgl. Brockhaus Enzyklopädie in 30 Bänden, 21., völlig neu bearbeitete Auflage, Leipzig, Mannheim 2006, Band 11, Seite 403 ff

Gemäß dem Französischen *ouvert* würde ein Skatspieler, der ein solches französisches Blatt auf der Hand hält, es vermutlich umgehend und siegesgewiss „offen aus der Hand" auf den Skattisch legen, da man als Alleinspieler keinen Stich bekommen kann. Im konkreten Fall würden bei „null Stichen" immerhin 59 Gewinnpunkte zugunsten des Ouvert-Spielers auf dem Spielzettel vermerkt.

Eine keineswegs anmaßende, sondern eher erheiternde Betrachtung der Zahl Null gewährt die Abbildung 47 in Gestalt eines plakativ kommentierten Erinnerungsfotos am Albert-Einstein-Memorial in Washington, D(istrict of)C(olumbia), USA.

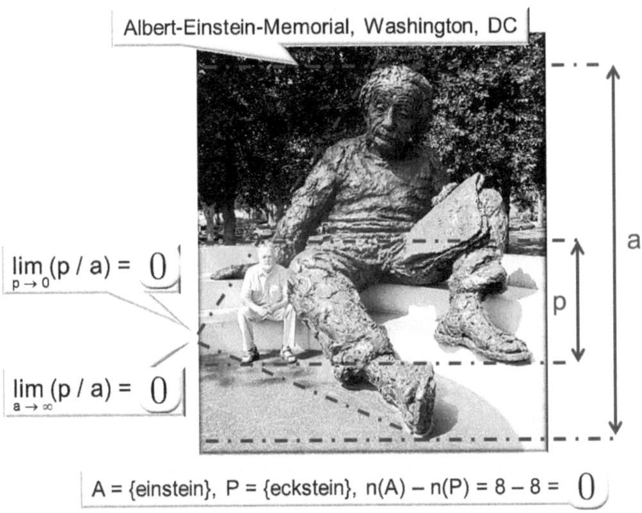


**Abb. 47: Null als Differenz und als Grenzwert**

In einer verallgemeinernden Betrachtung kann mit Bezug auf die beiden indizierten und gleichmächtigen Buchstabenmengen A und P eine Differenz von null als ein Ergebnis einer Subtraktion immer dann vermerkt werden, wenn ein Minuend und ein Subtrahend, die im konkreten Fall als gleichgroße Buchstabenanzahlen $n(A) = n(P) = 8$ in Erscheinung treten, zahlenmäßig gleichgroß bemessen sind.

Gleichwohl die Differenz der Buchstabenanzahlen n(A) und n(P) in logischer Konsequenz null ist, ergibt eine vergleichende und relative Größenbetrachtung des beisitzenden Besuchers mit dem Denkmal ein völlig anderes Bild, selbst wenn es letztlich im theoretischen Sinne auch mit der Zahl Null gekennzeichnet werden kann. Sowohl für eine immer kleiner werdende Größe p als auch für eine stetig steigende Größe a wird der Quotient p/a immer kleiner, bis er theoretisch im *ad infinitum*, also im Unendlichen, den Wert Null annimmt.

Aus der babylonischen Vielfalt von Null-Soli soll mit Hilfe der Abbildung 48 die sogenannte Nulleigenschaft eines arithmetischen Mittels vorgestellt und erläutert werden. In der Deskriptiven Statistik, die ihrem lateinischen Wortursprung gemäß eine Zustandsbeschreibung ist, kommt der Nulleigenschaft eines arithmetischen Mittels eine besondere praktische und theoretische Bedeutung zu.[40]

| Person | Gewicht (kg) | Abweichung |
|---|---|---|
| 1 | 60 | -15 |
| 2 | 70 | -5 |
| 3 | 95 | 20 |
| Summe | 225 | 0 |
| Durchschnitt | 75 | |

**Abb. 48: Nulleigenschaft eines arithmetischen Mittels**

In der statistischen Methodenlehre kennzeichnet man angesichts der Abbildung 48 eine Person der Ordnung i = 1, 2,..., n als einen Merkmalsträger, die Anzahl von n = 3 Merkmalsträgern als eine statistische Gesamtheit, das empirisch erfasste und in Kilogramm gemessene Gewicht $x_i$ einer Person der Ordnung i als ein metrisches Erhebungsmerkmal X und

$$\overline{x} = \frac{1}{n} \cdot \sum_{i=1}^{n} x_i = \frac{1}{3} \cdot (60 + 70 + 95) = 75$$

als ein arithmetisches Mittel, das als ein „Repräsentant der Mitte" wie folgt interpretiert werden kann: Im Durchschnitt ist eine Person 75 kg schwer.

Zu einem gleichen Ergebnis gelangt man, wenn man sich des eigenartig anmutenden „Gießkannenprinzips" bedienen würde: Verteilte man das Gesamtgewicht in Höhe von 225 kg gleichmäßig auf alle drei Personen, dann entfielen theoretisch und „gerecht" im Mittel auf jede Person 75 kg.

Bemerkens- und beachtenswert ist in der Tabelle innerhalb der Abbildung 48 die Spalte „Abweichung", welche die Abweichungen der einzelnen Gewichtswerte von ihrem arithmetischen Mittel beschreibt, deren Summe der Anschaulichkeit

---

[40] Eine elementare und paradigmatische Einführung in die Deskriptive Statistik findet man unter anderem bei: ECKSTEIN, Peter P. Repetitorium Statistik, Deskriptive Statistik – Stochastik – Induktive Statistik, 8., aktualisierte und erweiterte Auflage, Springer Gabler Wiesbaden 2014 und ECKSTEIN, Peter P.: Statistik für Wirtschaftswissenschaftler, Eine realdatenbasierte Einführung mit SPSS, 5., aktualisierte und erweiterte Auflage, Springer Gabler Wiesbaden 2016, 5 Datendeskription, Seite 73 ff.

halber bewusst mit dem Würfelsymbol „0“ etikettiert wurde, da im paradigmatisch skizzierten Fall wegen

$$\sum_{i=1}^{3}(x_i - \overline{x}) = (60 - 75) + (70 - 5) + (95 - 75) = 0$$

die Summe der Abweichungen der drei Einzelwerte von ihrem arithmetischen Mittel null ist. Dieser allgemeingültige Sachverhalt wird als Nulleigenschaft eines arithmetischen Mittels bezeichnet. Er bildet wiederum die Grundlage weiterer markanter Eigenschaften, worunter vor allem die quadratische Minimumseigenschaft eines arithmetischen Mittels und die Standardisierung zu erwähnen sind.

Während der statistische Vorgang einer Standardisierung ein spezieller Gegenstand der im Kapitel 3.2 präsentierten numerischen Duette ist, kann die quadratische Minimumseigenschaft eines arithmetischen Mittels wie folgt paradigmatisch erläutert werden: Gemäß dem sogenannten Kleinste-Quadrate-Kriterium

$$S(\mu) = \sum_{i=1}^{n}(x_i - \mu)^2 \rightarrow min$$

soll im Hinblick auf die Abbildung 48 die Summe der quadratischen Abweichungen der einzelnen „bekannten“ Personengewichte $x_i$ von einem „unbekannten“ Gewichtswert $\mu$ (lies: *Klein-My*) ein Minimum sein. Da es sich im Sinne der Funktionalanalysis um ein Extremwertproblem handelt, bedient man sich zu dessen Lösung der Differentialrechnung, die gemäß ihrem lateinischen Wortursprung auch als das Rechnen mit unendlichen Differenzen übersetzt werden kann. Die notwendige Bedingung des zu lösenden Extremwertproblems, wonach wegen

$$\frac{dS(\mu)}{d\mu} = \sum_{i=1}^{n} 2 \cdot (x_i - \mu) \cdot (-1) = 0$$

die Ableitung erster Ordnung der Summe $S(\mu)$ nach dem unbekannten Parameter $\mu$ null sein soll, liefert nach Umformungen der „Nullbedingung“ wegen

$$-2 \cdot \sum_{i=1}^{n}(x_i - \mu) = -2 \cdot \left(\sum_{i=1}^{n} x_i - \sum_{i=1}^{n} \mu\right) = -2 \cdot \left(\sum_{i=1}^{n} x_i - n \cdot \mu\right) = 0$$

letztlich für den unbekannten Gewichtswert $\mu$ einen Wert, der wegen

$$\mu = \frac{1}{n} \cdot \sum_{i=1}^{n} x_i = \overline{x}$$

mit dem arithmetischen Mittel identisch ist. Die hinreichende Bedingung des zu lösenden Extremwertproblems, wonach wegen

$$\frac{d^2S(\mu)}{d\mu^2} = 2 \cdot n > 0$$

die Ableitung zweiter Ordnung größer als null ist, bestätigt das Kleinste-Quadrate-Kriterium.

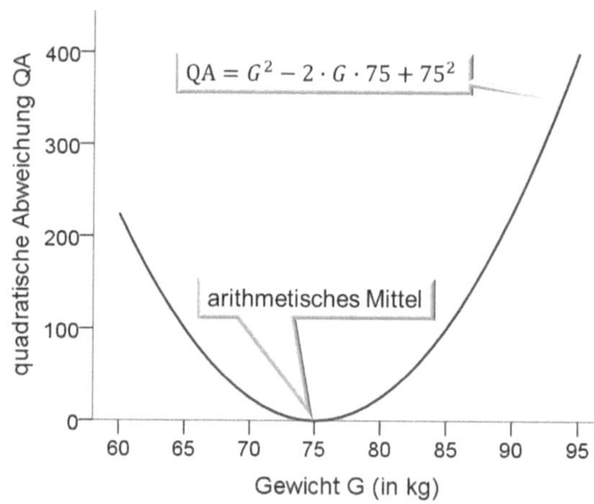


**Abb. 49: Quadratische Minimumseigenschaft**

Demnach gibt es für eine Menge von metrisch skalierten Werten keinen Wert, der eine kleinere Summe quadratischer Abweichungen liefert als deren arithmetisches Mittel selbst. Diese allgemeingültige Aussage wird in der Abbildung 49 mit Hilfe des Graphen der quadratischen Funktion

$$QA = (G - 75)^2 = G^2 - 150 \cdot G + 5625$$

im Bereich der erfassten Körpergewichte von 60 kg bis 95 kg exemplarisch und bildhaft untermauert. Im Blickwinkel funktionsanalytischer Betrachtungen im Allgemeinen und Extremwertbetrachtungen im Speziellen besitzt diese quadratische Funktion ihr Minimum an der Stelle des arithmetischen Mittels in Gestalt des Durchschnittsgewichts von 75 kg.

## Soll der Zahl des goldenen Verhältnisses

Im Kontext des Kapitels 2.3 wurde die Konstante Phi als die Zahl des goldenen Verhältnisses vorgestellt und bereits einige ihrer exakten und beeindruckenden mathematischen Geheimnisse vorgestellt und erläutert. Im Sinne der Kapitelüberschrift von den numerischen Soli können die nachfolgend angebotenen Abbildungen in einer solitären Betrachtung jeweils als ein numerisches Solo der Konstanten Phi aufgefasst und gedeutet werden.

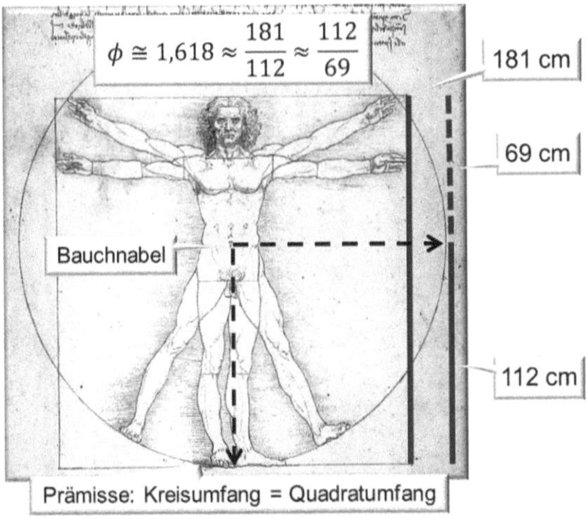


**Abb. 50: Der vitruvianische Mensch**

Die Abbildung 50 beinhaltet einen Auszug der vom künstlerischen Genius der italienischen Hochrenaissance Leonardo DA VINCI (*1452, †1519) vermutlich im Jahr 1490 „mit Feder und Tinte" auf einem Blatt Papier hinterlassenen und kommentierten Zeichnung des *homo vitruvianus*, der eine Darstellung eines Menschen nach den vom antiken römischen Architekten und Militärtechniker VITRUVIUS (*um 84 v.Chr., †nach 27 v.Chr.) formulierten und idealisierten Proportionen ist, woraus sich auch der Titel vom vitruvianischen Menschen semantisch erklärt.[41]

Unter der Prämisse, dass der Kreisumfang gleich dem Umfang des Quadrates ist, in dem der vitruvianische Mensch morphologisch dargestellt ist, kann man auch anhand der eigenen Körpermaße die „goldene Verhältniszahl", die in diesem körperlichen Blickfeld auch als „goldener Schnitt" bezeichnet wird, in ausreichender und beeindruckender Näherung bestimmen.

Im konkreten Fall wurde einerseits die indizierte Körpergröße von 181 cm ins Verhältnis gesetzt zu der vom stehenden Fuß aus gemessenen Bauchnabelhöhe

---

[41] Vgl. Brockhaus Enzyklopädie in 30 Bänden, 21., völlig neu bearbeitete Auflage, Leipzig, Mannheim 2006, Band 29, Seite 161

von 112 cm und andererseits die vom stehenden Fuß aus gemessene Bauchnabelhöhe von 112 cm zum Bauchnabel-Kopfende-Abstand in Höhe von 69 cm.

Ein gleichsam interessantes Erscheinungsbild der Konstanten ϕ, worin wiederum eine für sie beeindruckende numerische Approximation eingeschlossen ist, gewährt die Abbildung 51, die in Anlehnung an den vitruvianischen Menschen von DA VINCI auf physiognomischen Abstandsmaßen in Gestalt von kopf- und gesichtsspezifischen Proportionen beruht.

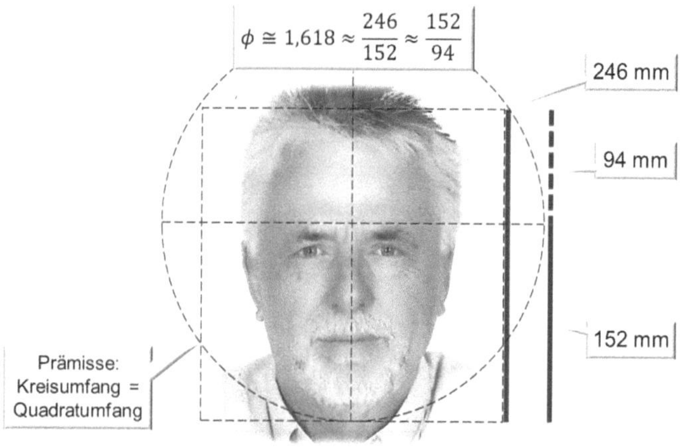


**Abb. 51: Silberner Schnitt**

Das Etikett „silberner Schnitt" soll dabei lediglich ein Hinweis auf ein „goldenes Zahlenverhältnis" eines metrisch bemessenen Kopfes sein, der mit hellgrauen Haaren geschmückt ist, die eher der Farbe des Edelmetalls Silber als der des Goldes gleichen.

Wenn man zu einer vorabendlichen Stunde von einer der vorgelagerten Inseln des Ontariosees mit einer Fähre zurück nach Toronto fährt, wird einem angesichts der Skyline von Toronto mit dem Canadian National Tower im Zentrum im wahren Sinn des Wortes ein „Augenschmaus" geboten.

Doch nicht nur das: In Anlehnung an die Abbildung 52 kann der CN Tower, der bis zum Jahr 2007 der weltweit höchste Turm war, als ein architektonisches Beispiel für das goldene Zahlenverhältnis betrachtet werden, wenn man analog zum vitruvianischen Menschen innerhalb der Abbildung 50 an Stelle des Bauchnabels die „Freiluftaussichtplattform mit Glasboden" als Trennlinie zur Kennzeichnung des goldenen Zahlenverhältnisses verwendet.

Die Höhe des CN Towers von 553 Metern steht zur Aussichtsplattformhöhe von 342 Metern in einem gleichen „goldenen Verhältnis“, wie die Höhe der Aussichtplattform mit ihren 342 Metern zur Turmhöhe oberhalb der Aussichtsplattform mit ihren 211 Metern.

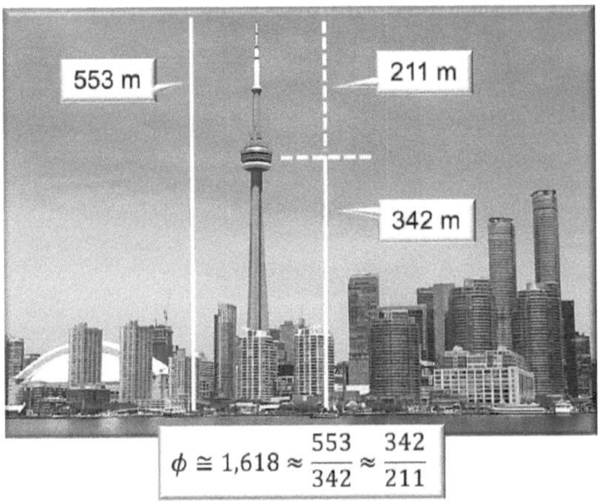


**Abb. 52: Canadian National Tower Toronto**

Ein im wahren Sinn des Wortes „gegen die irrationale Konstante ϕ konvergierendes Zahlenverhältnis“ wird in der Abbildung 53 bildhaft und tabellarisch beschrieben. Den Ausgangspunkt der arithmetischen Betrachtungen bildet die sogenannte Fibonacci-Zahlenfolge, die bereits im Kapitel 2.1 vorgestellt wurde. Lässt man einmal die Zahl Null außeracht, dann kann man anhand der beigefügten Tabelle leicht nachvollziehen, dass für alle i = 1, 2, .3, … der Quotient

$$\frac{F_{i+1}}{F_i} \to \phi$$

aus einer Fibonacci-Zahl $F_{i+1}$ der Ordnung i + 1 und ihres Vorgängers $F_i$ mit zunehmendem Index i gegen die irrationale Konstante Phi konvergiert. Bereits der indizierte Quotient aus der zwölften und der elften Fibonacci-Zahl untermauert das Gleichnis vom „goldenen Fibonacci-Zahlenverhältnis“ numerisch.

Diese faszinierende Verbindung der Fibonacci-Zahlen mit der irrationalen Konstanten Phi entdeckte der berühmte deutsche Astronom, Mathematiker und evangelischer Theologe Johannes KEPLER (*1571, †1630), der (historisch belegt) im Jahr 1608 in einem Brief an einen Professor in Leipzig diesen faszinierenden Sachverhalt „in und mit nur einem Satz“ vermerkte.

Zudem offenbarte sich KEPLER bei seinen Betrachtungen der Fibonacci-Zahlen ein weiteres interessantes numerisches Phänomen, das in der Abbildung 54 plakatiert ist und in seinem Erscheinungsbild als sogenannte Keplersche Eigenschaft der Fibonacci-Zahlen verbal wie folgt beschrieben werden kann: Das Quadrat einer Fibonacci-Zahl weicht stets nur um den Zahlenwert eins „nach oben“ oder „nach unten“ vom Produkt seiner beiden Zahlennachbarn ab.[42]

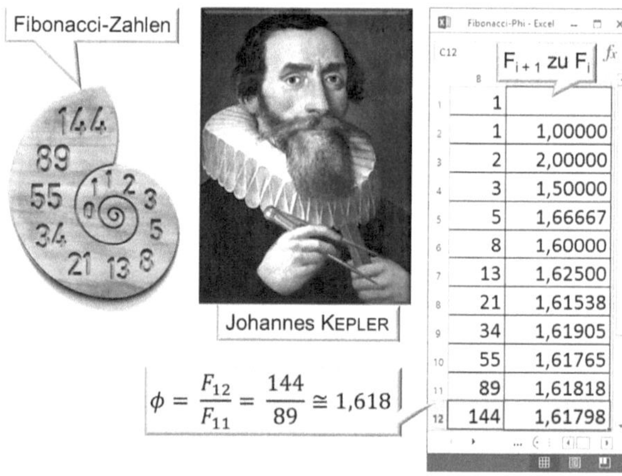


**Abb. 53: Das goldene Fibonacci-Zahlenverhältnis**

Während analog zur Abbildung 54 das Quadrat

$$2^2 = 4$$

der Fibonacci-Zahl 2 vom Produkt

$$1 \cdot 3 = 3$$

ihrer beiden Zahlennachbarn 1 und 3 augenscheinlich wegen

$$4 - 3 = 1$$

um eins „nach oben“ abweicht, konstatiert man für die Fibonacci-Zahl 8, dass ihr quadratischer Wert

$$8^2 = 64$$

wegen

[42] Vgl. LIVIO, Mario: The Golden Ratio, The Story of Phi, the World´s Most Astonishing Number, Broadway Books New York 2002, page 151, 152.

$$64 - 65 = -1$$

um den Wert eins „nach unten“ vom Produkt

$$5 \cdot 13 = 65$$

ihrer beiden Zahlennachbarn 5 und 13 abweicht.

Die bewusst gewählten Formulierungen „nach oben“ und „nach unten“ sollen lediglich das absolute und mit der natürlichen Zahl Eins numerisch beschriebene Ausmaß der Zahlenabweichungen kennzeichnen. In diesem Blickwinkel können die Keplerschen Betrachtungen der Fibonacci-Zahlen nicht nur als eine indirekte Würdigung der Zahl 1, sondern zugleich auch noch als ein beeindruckendes numerisches Eins-Solo gedeutet werden.

| Fibonacci | Quadrat | Nachbar | Differenz |
|---:|---:|---:|---:|
| 1 | 1 | | 1 |
| 1 | 1 | 2 | -1 |
| 2 | 4 | 3 | 1 |
| 3 | 9 | 10 | -1 |
| 5 | 25 | 24 | 1 |
| 8 | 64 | 65 | -1 |
| 13 | 169 | 168 | 1 |
| 21 | 441 | 442 | -1 |
| 34 | 1156 | 1155 | 1 |
| 55 | 3025 | 3026 | -1 |
| 89 | 7921 | 7920 | 1 |
| 144 | 20736 | : | : |
| : | : | | |

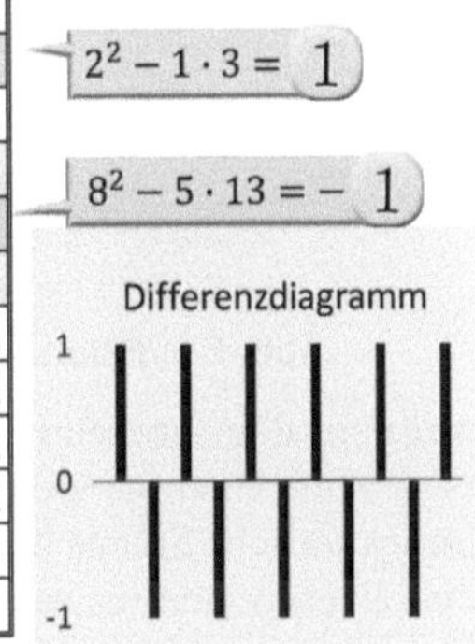


**Abb. 54: Keplersche Eigenschaft der Fibonacci-Zahlen**

Doch wohl noch erstaunlicher und einem Zahlenzauber gleichend erscheint das beigefügte „Differenzdiagramm“, mit dessen Hilfe nicht nur das konstante Abweichungsausmaß in seiner absoluten Höhe „Eins“, sondern zudem auch noch seine alternative und periodische Wiederkehr im Sinne einer konstanten Schwingung um null augenscheinlich wird.

Spätestens an dieser Stelle soll und muss eine Erklärung dafür angeboten werden, wieso, weshalb und warum in den Abbildungen 11, 53 und 55 die ersten Zahlen der Fibonacci-Zahlenfolge künstlerisch so eindrucksvoll in ein spiralförmiges Holzbrett eingekerbt wurden.

Konstruiert man auf der Basis der Fibonacci-Zahlenfolge einmal nur die allseits bekannten geometrischen Figuren in Gestalt von Quadraten und Kreisen, wobei die Seitenlängen eines Quadrats und der Durchmesser eines Kreises der jeweiligen Fibonacci-Zahl entsprechen, dann erhält man das in der Mitte der Abbildung 54 skizzierte rechteckige Konstrukt, das wiederum einen anschaulichen und approximativen Zugang zum goldenen Zahlenverhältnis Phi gewährt.

Gemäß dem in der Abbildung 55 in der Mitte stehenden und mit Fibonacci-Zahlen versehenen Rechteck steht zum Beispiel die senkrechte Seitenlänge von 13 + 8 = 21 zur waagerechten Seitenlänge von 8 + 5 = 13 in einem Verhältnis von 21 zu 13, was in etwa einem Verhältnis von 1,615 zu 1 entspricht und nach KEPLER wiederum eine Näherung an die irrationale Zahl Phi kennzeichnet.

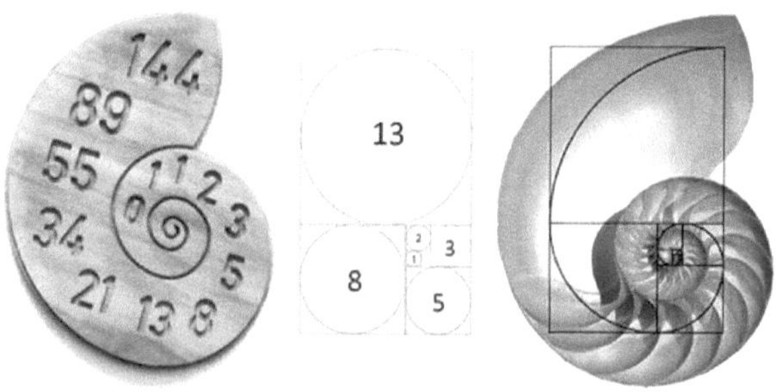


**Abb. 55: Fibonacci-Zahlen als Muschelspirale**

Verbindet man analog zur rechten grafischen Darstellung die Diagonalpunkte der Quadrate mit Hilfe einer stetigen nichtlinearen Funktion, die in der Mathematik auch als logarithmische Spirale bezeichnet wird, dann hat man schlussendlich zumindest eine Begründung für das bildhafte Gleichnis von der Fibonacci-Zahlenspirale gefunden, die analog zum „goldenen Zahlenverhältnis" Phi auch als „goldene Spirale" gekennzeichnet wird.

Und dann auch noch die Abbildung 56 mit dem allbekannten und einem angebissenen Apfel gleichenden Apple-Logo, bei dessen näherer Betrachtung man unwillkürlich eine gedankliche Parallele zum Hexen-Einmaleins zieht.[43]

Johann Wolfgang von GOETHE (*1748, †1832) lässt im „Faust, der Tragödie erster Teil" den in die Jahre gekommenen Faust in einem flehentlichen Betteln um ein Mittel zur Erlangung jugendlicher Frische mit dem diabolischen Mephisto-

[43] Eine bildhafte und zahlenmäßig kommentierte Version des Hexen-Einmaleins findet man unter anderem bei ECKSTEIN, Peter P.: Kostproben aus der Hexenküche der Statistik, Skurriles, Leichtbekömmliches und Schwerverdauliches, Rainer Hampp Verlag, München und Mering 2009, Kapitel 1: Hexen-Einmaleins, Seite 1 ff.

pheles die Hexenküche aufsuchen, wo die Hexe mit großer Empathie unter anderem das Hexen-Einmaleins deklamiert, das als ein possenhaft anmutendes und zugleich faszinierendes Zahlenhokuspokus gewisse Ähnlichkeiten mit dem Fibonacci-Zahlenzauber innerhalb der Abbildung 56 zu haben scheint.

**Abb. 56: Apple-Logo[44]**

Im Unterschied zu Faust, der „in diesem Wust von Raserei" entsetzt verkündet: „Mich dünkt, die Alte spricht im Fieber.", worauf ihm Mephisto gewohnt lakonisch und zynisch antwortet: „Das ist noch lange nicht vorüber ..." sollen weitere beeindruckende und magisch wirkende Betrachtungen der außergewöhnlichen Konstanten Phi vorerst „vorüber sein".

---

[44] Apple Inc. ist ein 1976 gegründetes US-amerikanisches Unternehmen mit Sitz in Cupertino, Kalifornien. Zu seinen Gründern gehörte Steven Paul JOBS (*1955, †2011), der als eine der bekanntesten Persönlichkeiten der modernen Computerindustrie gilt.

## 3.2 Numerische Duette

### Null-Eins-Arithmetik

Als ein erstes numerisches Duett soll die in der Abbildung 57 plakatierte elementare Arithmetik auf der Basis der beiden Spielwürfelzahlen Null und Eins „aufgeführt" und erläuternd betrachtet werden.

$$1 \pm 0 = 1 \quad \text{neutrale } 0$$

$$1 - 1 = 0 \quad \text{finale } 0$$

$$1 \times 0 = \frac{0}{1} = 0 \quad \text{absorbierende } 0$$

$$\frac{1}{0} = ? \quad \text{giftige } 0$$

$$1^{0} = 1 \quad \text{potenzierende } 0$$

**Abb. 57: Null-Eins-Arithmetik**

In Erinnerung an die eigene Grundschulzeit im Fach Rechnen lassen sich die fünf Gleichungen als leicht einprägsame Zahlenreime zum Beispiel wie folgt vermerken:

1) Als Summand oder Subtrahend ist die Null ein neutrales Element.
2) Sind Minuend und Subtrahend von gleicher Größe, dann gibt sich die Null auch keine Blöße.
3) Als Faktor oder Dividend ist die Null ein absorbierendes Element.
4) Kommt die Null als giftiger Divisor daher, dann geht vorerst gar nichts mehr.
5) Erscheint die Null als Exponent, dann ist die Eins in ihrem Element.

Ein weiteres interessantes Null-Eins-Duett wird in der Abbildung 58 anhand des Gleichnisses „vom unendlichen Teilen" plakatiert, als dessen numerisches Resultat letzten Endes die Zahl Null erscheint. Im skizzierten Paradigma wurden der Dividend und der Divisor, die gemäß ihrem lateinischen Wortursprung „das zu

Teilende“ und „das Teilende“ kennzeichnen, zum einen mit der Zahl Eins und zum anderen mit der Zehnerpotenz

$$10^k, k = 0,1,2, \ldots$$

„bemessen“, so dass der Quotient in seiner Übersetzung aus dem Lateinischen als das „wie oft“ mit größer werdender Zehnerpotenz gegen die Zahl Null strebt.

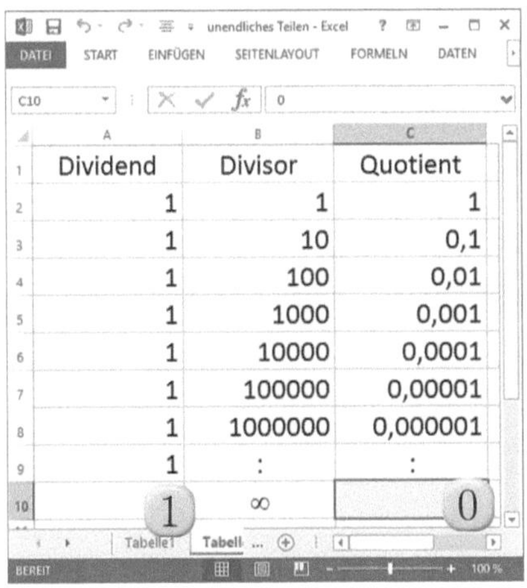

| Dividend | Divisor | Quotient |
|---|---|---|
| 1 | 1 | 1 |
| 1 | 10 | 0,1 |
| 1 | 100 | 0,01 |
| 1 | 1000 | 0,001 |
| 1 | 10000 | 0,0001 |
| 1 | 100000 | 0,00001 |
| 1 | 1000000 | 0,000001 |
| 1 | : | : |
| 1 | ∞ | 0 |

**Abb. 58: Null als Resultat unendlichen Teilens**

Der mathematische Hintergrund einer Grenzwertbetrachtung „gegen null“ wurde bereits im Kapitel 3.1 im Kontext der betrachteten „Null-Soli“ in der Abbildung 47 plakatiert und paradigmatisch erläutert.

## Standardisierung als Null-Eins-Duett

In Anlehnung an die Abbildung 48, in deren Zentrum eine paradigmatische Erläuterung der Nulleigenschaft eines arithmetischen Mittels stand, soll angesichts der Abbildung 59 die Grundidee einer sogenannten Standardisierung skizziert und erläutert werden, der in der statistischen Methodenlehre eine besondere praktische und theoretische Bedeutung zukommt.

Eine Standardisierung, die wegen

$$z_i = \frac{x_i - \overline{x}}{s_x}$$

auch als z-Transformation bezeichnet wird, liefert für metrisch skalierte und in der Regel dimensionsgeladene Merkmalswerte $x_i$ für alle i = 1, 2,…,n unter Berücksichtigung des zugehörigen arithmetischen Mittels und der zugehörigen Standardabweichung

$$\overline{x} = \frac{1}{n} \cdot \sum_{i=1}^{n} x_i \text{ und } s_x = \sqrt{\frac{1}{n-1} \cdot \sum_{i=1}^{n} (x_i - \overline{x})^2}\,,$$

die hier exemplarisch als eine Stichprobenstandardabweichung erscheint, standardisierte Werte $z_i$, die stets dimensionslos sind, ein arithmetisches Mittel von null und eine Standardabweichung von eins besitzen.[45]

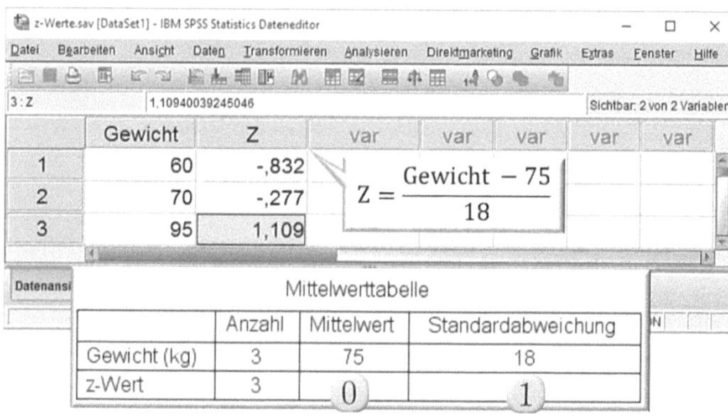


**Abb. 59: Standardisierung**

Im Hinblick auf die Abbildung 59 ist es sinnvoll, die Wesenheit einer Standardisierung mit einem Null-Eins-Etikett zu versehen. Aufgrund der erwähnten drei Eigenschaften von standardisierten Werten kann man allein anhand eines z-Wertes den zugehörigen Merkmalswert $x_i$ im Ensemble aller n „originären" Werte „bewerten", ohne diesen Wert und den zugehörigen Merkmalsträger selbst zu kennen. Betrachtet man einmal nur den in der z-Spalte innerhalb der Abbildung 59 vermerkten dimensionslosen z-Wert von 1,109, dann kann man allein anhand dieses positiven z-Wertes, der nicht nur größer als null, sondern zugleich auch

[45] Eine paradigmatische Erläuterung einer Standardisierung von Realdaten findet man unter anderem bei ECKSTEIN, Peter P: Statistik für Wirtschaftswissenschaftler, Eine realdatenbasierte Einführung mit SPSS, 5., aktualisierte und erweiterte Auflage, Springer Gabler Wiesbaden 2016, 5.5 Standardisierung, 11 Faktorenanalyse und 12 Clusteranalyse.

noch größer als eins ist, bereits vermerken, dass die Person der Ordnung i = 3 ein Körpergewicht besitzen muss, dass im Ensemble aller erfassten Körpergewichte nicht nur überdurchschnittlich hoch, sondern zudem auch noch vergleichsweise stark ausgeprägt ist. Die Charakteristik eines überdurchschnittlich stark ausgeprägten Körpergewichts erklärt sich daraus, dass der berechnete Wert $z_3 = 1{,}109$ außerhalb des sogenannten Ein-Sigma Bereiches [-1, 1] zu liegen kommt, der in der statistischen Methodenlehre das geschlossene Intervall „arithmetisches Mittel plus/minus einmal Standardabweichung“ kennzeichnet und stets die Mehrheit der zugrundeliegenden Merkmalswerte umspannt. Eingedenk der originär erfassten bzw. der standardisierten Körpergewichte würde man den Ein-Sigma-Bereich als geschlossene Intervalle wie folgt vermerkten:

$$[75\,kg \pm 18\,kg] = [57\,kg, 93\,kg] = [-1, 1].$$

### Anteilsbetrachtungen als Null-Eins-Duette

Ein weiteres notierenswertes und in der deskriptiven Statistik häufig praktiziertes Zusammenspiel der Zahlen Null und Eins in Gestalt einer sogenannten 0-1-kodierten Dichotomie wird in der Abbildung 60 angeboten.

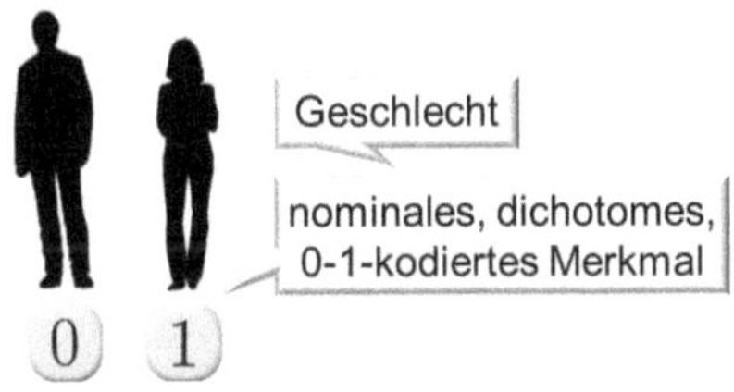


**Abb. 60: 0-1-kodierte Dichotomie**

Im Zentrum der exemplarischen Betrachtungen steht das nominale und dichotom ausgeprägte Erhebungsmerkmal *X: Geschlechtszugehörigkeit* einer statistischen Gesamtheit von n = 10 Personen, das gemäß dem Lateinischen *nominalis* eine begrifflich gefasste und wertfreie Eigenschaft ist, die in Anlehnung an das Griechische *dicha* + *tome* nur „zwei Zustände“ annehmen kann. Bildet man die dichotome Zustandsmenge {männlich, weiblich} des Erhebungsmerkmals X auf die beiden Zahlen 0 und 1 ab, wobei zur Vermeidung von genderbezogenen Irritationen die indizierte Zuordnung gelten soll, dann kann wegen

$$\bar{x} = \frac{1}{n} \cdot \sum_{i=1}^{n} x_i = \frac{1}{10} \cdot (0 + 0 + 1 + 0 + 1 + 0 + 0 + 1 + 0 + 1) = 0{,}4$$

das arithmetische Mittel aus den 0-1-kodierten geschlechtsspezifischen Informationen $x_i$ (i = 1, 2,…, n = 10) als der Anteil der weiblichen Personen in der betrachteten statistischen Gesamtheit interpretiert werden. Demnach beläuft sich der Anteil weiblicher Personen auf 0,4 und in logischer Konsequenz der Anteil der männlichen (und mit einer Null kodierten) Personen auf 1 – 0, 4 = 0,6. Allein aus diesen elementaren paradigmatischen Betrachtungen wird ersichtlich, dass eine Anteilszahl per Definition stets nur eine positive reelle Zahl zwischen null und eins sein kann.

In diesem Zusammenhang ist es geboten, auf eine scheinbar bedeutungslose und doch so substantielle „statistische Spitzfindigkeit" hinzuweisen, die im alltäglichen Umgang mit Anteilszahlen immer wieder zu beobachten ist und mitunter nicht nur Irritationen, sondern auch statistische Zerrbilder und Täuschungen erzeugen und hervorrufen kann. Im Hinblick auf die in praxi übliche prozentuale Angabe von Anteilen wäre im speziellen Fall die Aussage, dass 40 % der erfassten und befragten Personen weiblichen Geschlechts waren, nicht nur irritierend, sondern streng genommen sogar ein „falsch´ Zeugnis". Der Wortursprung des mit der Ligatur % versehenen Begriffs „Prozent" liegt im Lateinischen *per centum* und kann mit der Kennung „von Hundert" übersetzt werden. Demnach wären bei einem prozentualen Anteil von 40 % im wortwörtlichen Sinne „vierzig von Hundert" Personen weiblichen Geschlechts gewesen. Im konkreten Fall wurden in der statistischen Urliste aber nur zehn Personen insgesamt erfasst, wovon vier Personen weiblichen Geschlechts waren.

Die Quintessenz aus dieser scheinbar spitzfindigen Anmerkung ist einfach und einleuchtend: Die Angabe von prozentualen Anteilen ist dann nur sinnhaft und geboten, wenn die zugrundeliegende statistische Gesamtheit mindestens einhundert Merkmalsträger umfasst.[46]

Anhand der in der Abbildung 61 grafisch präsentierten Häufigkeitsverteilung des monatlichen Nettoeinkommens der privaten Haushalte in Deutschland im Jahr 2013[47] soll die Grundidee einer statistischen Konzentrationsanalyse[48] paradigmatisch erläutert werden, die aus statistisch-methodischer Sicht als ein spezielles

---

[46] Skurrile und zugleich lehrreiche Exempel im Umgang mit Anteilszahlen findet man unter anderem bei: ECKSTEIN, Peter P.: Kostproben aus der Hexenküche der Statistik, Skurriles, Leichtbekömmliches und Schwerverdauliches, Rainer Hampp Verlag, München und Mering 2009, 4 Die verflixte Basis, Seite 9 ff.

[47] Quelle: Globus Infografik GmbH Hamburg 2014

[48] Eine elementare und paradigmatische Einführung in die statistische Konzentrationsanalyse findet man unter anderem bei: ECKSTEIN, Peter P. Repetitorium Statistik, Deskriptive Statistik – Stochastik – Induktive Statistik, 8., aktualisierte und erweiterte Auflage, Springer Gabler Wiesbaden 2014, 5 Konzentrationsanalyse, Seite 69 ff.

Null-Eins-Duett gedeutet werden kann. In der grafisch präsentierten Einkommensstatistik ist der Merkmalsträger ein privater Haushalt. Die hinsichtlich ihres Umfanges n nicht näher bestimmte statistische Gesamtheit umfasst die Menge aller privaten Haushalte in Deutschland im Jahr 2013. Das metrische Erhebungsmerkmal X ist das monatliche Haushaltsnettoeinkommen (Angaben in €).

Da es zudem möglich und sachlogisch sinnvoll ist, die Summe der stets nicht negativen Einkommen zu bilden und sie plausibel als Gesamteinkommen zu interpretieren, kennzeichnet man das monatliche Haushaltsnettoeinkommen als ein extensives Erhebungsmerkmal eines privaten Haushaltes, auf dessen Grundlage eine statistische Konzentrationsanalyse bewerkstelligt werden kann.

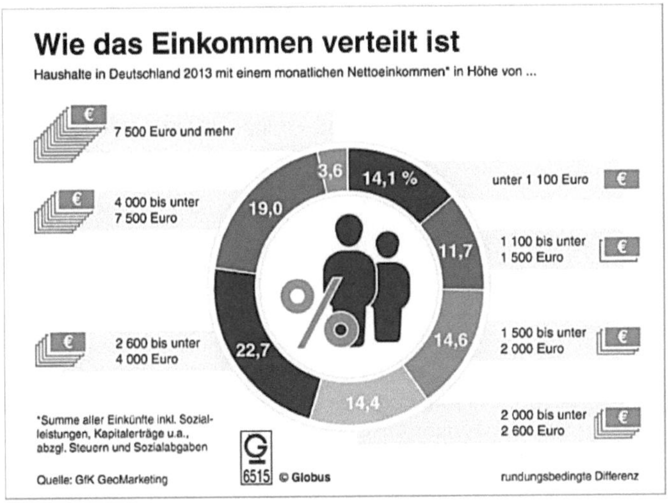


**Abb. 61: Einkommensverteilung**

Im Blickwinkel der angestrebten Konzentrationsanalyse erweist es sich als vorteilhaft, die in der Abbildung 61 präsentierten Informationen in einer Häufigkeitstabelle zusammenzufassen.

Die Tabelle 1 behaltet neben den m = 7 nicht äquidistanten Einkommensklassen

$$K_j : x_j^u \leq X < x_j^o,$$

die gemäß ihrem lateinischen Wortursprung „nicht gleich breit" und wegen des Klassierungsprinzips „von ... bis unter ..." stets disjunkte bzw. „sich gegenseitig ausschließende" Klassen sind, die zugehörigen Klassenmitten $x_j^*$, relativen Klassenhäufigkeiten $p_j$ sowie die für die Konzentrationsanalyse erforderlichen kumulierten Kennzahlenwerte in Gestalt der kumulierten Merkmalsträgeranteile $F_j$ und der kumulierten Merkmalswertesummenanteile $A_j$.

Aufgrund dessen, dass gemäß Abbildung 61 sowohl die erste als auch die letzte Einkommensklasse sogenannte offene Flügelklassen sind, wurden der Praktikabilität wegen für die erste Einkommensklasse eine untere Klassengrenze in Höhe von 400 € und für siebente Einkommensklasse eine obere Klassengrenze in Höhe von 15000 € festgelegt.

**Tab. 1: Relative Konzentrationsanalyse**

| j | $x_j^u \leq X < x_j^o$ | $x_j^*$ | $p_j$ | $F_j$ | $x_j^* \cdot p_j$ | $a_j$ | $A_j$ |
|---|---|---|---|---|---|---|---|
| 1 | 400 ... 1100 | 750 | 0,141 | 0,141 | 105,75 | 0,034 | 0,034 |
| 2 | 1100 ... 1500 | 1300 | 0,117 | 0,258 | 152,10 | 0,049 | 0,083 |
| 3 | 1500 ... 2000 | 1750 | 0,146 | 0,402 | 255,50 | 0,082 | 0,165 |
| 4 | 2000 ... 2600 | 2300 | 0,144 | 0,546 | 331,20 | 0,107 | 0,272 |
| 5 | 2600 ... 4000 | 3300 | 0,227 | 0,773 | 749,10 | 0,241 | 0,514 |
| 6 | 4000 ... 7500 | 5750 | 0,190 | 0,963 | 1092,50 | 0,352 | 0,866 |
| 7 | 7500 ... 15000 | 11250 | 0,037 | 1,000 | 416,25 | 0,134 | 1,000 |
| Σ | | | 1,000 | | 3102,40 | 1,000 | |

Im Kontext der Konzentrationsmessung können z.B. die (grau unterlegten) statistischen Maßzahlen der Einkommensklasse der Ordnung j = 4 wie folgt interpretiert werden: Im Wirtschaftsjahr 2013 verfügten in Deutschland wegen

$$p_4 \cong 0{,}144$$

insgesamt 14,4 % der privaten Haushalte über ein monatliches Nettoeinkommen in Höhe von 2000 € bis unter 2600 €. Unter der Annahme, dass sich die 14,4 % der privaten Haushalte gleichmäßig auf die vierte Einkommensklasse verteilen, kann die Klassenmitte der Ordnung j = 4 mit

$$x_4^* = \frac{2000\text{ €} + 2600\text{ €}}{2} = 2300\text{ €}$$

als der „Repräsentant der Mitte" aller monatlichen Haushaltsnettoeinkommen von 2000 € bis unter 2600 € aufgefasst werden. Wegen

$$F_4 \cong 0{,}546$$

verfügten im Jahr 2013 ca. 54,6 % aller privaten Haushalte über ein monatliches Nettoeinkommen von weniger als 2600 €. Die 54,6 % der privaten Haushalte mit einem monatlichen Nettoeinkommen unter 2600 € partizipierten im Jahr 2013 wegen

$$A_4 = \frac{105{,}75 + 152{,}10 + 255{,}50 + 331{,}20}{3102{,}40} \cong 0{,}272$$

letztlich nur zu 27,2 % am gesamten Nettoeinkommen aller privaten Haushalte. Analog sind die restlichen statistischen Verteilungskennzahlen innerhalb der Tabelle 1 zu interpretieren.

Aus der Betrachtung der statistischen Verteilungskennzahlen innerhalb der Tabelle 1 kann im Kontext der angestrebten relativen statistischen Konzentrationsanalyse die folgende Kernaussage entlehnt werden: Offensichtlich zeigt sich hinsichtlich der Verteilung des gesamten Nettoeinkommens auf die einzelnen privaten Haushalte in Deutschland im Jahr 2013 eine Disparität. Dieser statistische Analysebefund ist äquivalent mit der Aussage, wonach sich

$$(1 - 0{,}272) \cdot 100\ \% \cong 72{,}8\ \%$$

des gesamten Haushaltsnettoeinkommens lediglich auf

$$(1 - 0{,}546) \cdot 100\ \% \cong 45{,}4\ \%$$

aller privaten deutschen Haushalte „konzentrieren".

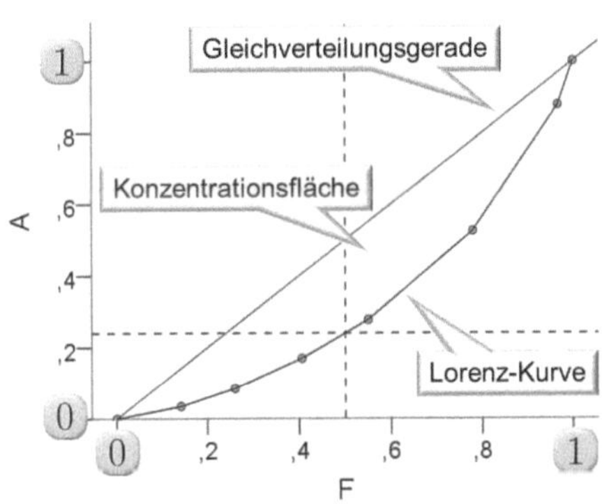


**Abb. 62: Lorenz-Kurve**

Das Ausmaß der relativen statistischen Konzentration des monatlichen Nettoeinkommens auf die privaten Haushalte Deutschlands wird durch den konvexen

Verlauf der sogenannten Lorenz-Kurve innerhalb der Abbildung 62 bildhaft und augenscheinlich untermauert, deren Idee und Konstruktionsprinzip auf den US-amerikanischen Statistiker Max Otto LORENZ (*1876, †1959) zurückgeht. Da der konvexe Polygonzug der Lorenz-Kurve in Gestalt eines „linsenförmigen Vielwinkelzuges" von der sogenannten Gleichverteilungsgeraden abweicht, deutet man diesen grafischen Befund als ein Indiz für eine ausgeprägte relative statistische Konzentration des monatlichen Haushaltsnettoeinkommens bei den privaten deutschen Haushalten im Wirtschaftsjahr 2013.

Unter Beachtung der gestrichelten und parallel zur Ordinate bzw. Abszisse verlaufenden Linien ergibt sich z.B. die folgende sachbezogene Interpretation der Lorenz-Kurve der relativen statistischen Konzentration: Die einkommensschwache Hälfte der privaten deutschen Haushalte partizipierte im Wirtschaftsjahr 2013 nur zu einem Viertel am gesamten Nettoeinkommen. Im Gegensatz dazu entfielen auf die einkommensstarke Hälfte der privaten Haushalte drei Viertel des gesamten monatlichen Nettoeinkommens aller privaten deutschen Haushalte.

Aufgrund dessen, dass im konkreten Fall die Konzentrationsanalyse auf klassierten Daten beruht, ist die Interpretation der Lorenz-Kurve nicht nur auf ihre sogenannten und mit einem Punkt markierten Knickstellen begrenzt, sondern kann bei Unterstellung einer Gleichverteilung der privaten Haushalte in den einzelnen Einkommensklassen an jeder beliebigen Stelle einer plausiblen Interpretation unterzogen werden.

Ist man daran interessiert, die durch die Lorenz-Kurve innerhalb der Abbildung 62 grafisch unterlegte relative statistische Konzentrationsaussage mit Hilfe einer geeigneten statistischen Maßzahl zu untermauern, so ist es vorteilhaft, den sogenannten Gini-Koeffizienten G zu berechnen, dessen Idee auf den italienischen Statistiker und Demographen Corrado GINI (*1884, †1965) zurückgeht und der als ein normiertes und dimensionsloses relatives Konzentrationsmaß nur Werte zwischen null und eins annehmen kann. Unter Verwendung der klassierten Kennzahlenwerte aus der Tabelle 1 bestimmt mit Hilfe der Berechnungsvorschrift

$$G = 1 - \sum_{j=1}^{m} p_j \cdot (A_j + A_{j-1}) \text{ mit } A_0 = 0$$

einen Wert von $G \cong 0{,}373$ und interpretiert wie folgt: Im Wirtschaftsjahr 2013 ist in Deutschland eine nachweisbare und mittelstark ausgeprägte relative statistische Einkommenskonzentration bei den privaten Haushalten zu beobachten. Der berechnete Gini-Koeffizient von G = 0,373 erfährt in der Abbildung 62 seine bildhafte Deutung durch die sogenannte Konzentrationsfläche, die im konkreten Fall durch die sogenannte Gleichverteilungsgerade einerseits und durch den konvex verlaufenden Polygonzug der sogenannten Lorenz-Kurve der relativen statistischen Einkommenskonzentration andererseits eingeschlossen bzw. begrenzt wird.

Gleichwohl einige Bezüge zu den Anteilsbetrachtungen hergestellt werden können, betritt man mit den nachfolgenden wahrscheinlichkeitstheoretischen Betrachtungen ein interessantes und zugleich weites mathematisches Feld, das in logischer Konsequenz nur punktuell beleuchtet werden kann.

### Wahrscheinlichkeit als ein reellwertiges Null-Eins-Maß

Es war im Jahr 1933 als der junge russische Mathematiker Andrej Nikolajewitsch KOLMOGOROV (*1903, †1987) im Julius Springer Verlag Berlin ein Traktat mit dem Titel „Grundbegriffe der Wahrscheinlichkeitsrechnung" veröffentlichte, in dem er den modernen Wahrscheinlichkeitsbegriff mittels dreier Axiome begründete, die gemäß ihrem griechischen Wortursprung drei postulierte Lehrsätze sind, die man „für recht hält" und nicht zu beweisen braucht. Inwieweit sich KOLMOGOROV dabei vom russischen Sprichwort *Бог любит троицу*, wonach Gott die Dreifaltigkeit liebt, hat inspirieren lassen, ist nicht überliefert und bleibt eine nicht uninteressante Vermutung. Die drei Wahrscheinlichkeitsaxiome können in einem Merksatz wie folgt zusammengefasst werden: Eine Wahrscheinlichkeit ist ein reellwertiges Maß zur Beschreibung zufälligen Geschehens, das nur Werte zwischen null und eins annehmen kann.

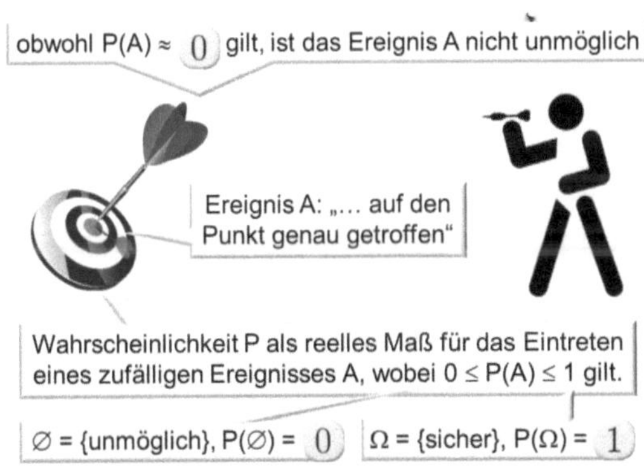


**Abb. 63: Werfen eines Darts bzw. Wurfpfeils**

Die in der Abbildung 63 benutzte Funktionsbezeichnung P zur reellwertigen Beschreibung eines zufälligen Ereignisses A hat sich in Anlehnung an das Lateinische *probabilitas* zur Kennzeichnung einer Wahrscheinlichkeit als ein Standard durchgesetzt.

Gemäß dem KOLMOGOROVschen Nichtnegativitätsaxiom $P(A) \geq 0$ kann eine Wahrscheinlichkeit wohl einen Wert Null aber nie einen negativen Wert annehmen. Beachtenswert ist dabei, dass die Wahrscheinlichkeit $P(\varnothing) = 0$ eines unmöglichen Ereignisses $\varnothing$ per Definition null ist, aber nicht alle zufälligen Ereignisse, die eine Wahrscheinlichkeit von null besitzen, auch unmöglich sind.

Diesen Sachverhalt kann man sich analog zur Abbildung 63 anhand des bildhaften Gleichnisses von einem Dartwurf verdeutlichen: Wohl ist es theoretisch möglich, eine lästige Schmeißfliege mit einem Wurfpfeil „punktgenau an die Wand zu heften", die Wahrscheinlichkeit für einen erfolgreichen und befreienden Wurf ist aus einer gewissen Distanz allerdings nahezu null. Mit einer Fliegenklatsche wäre man wahrscheinlich erfolgreicher, aber wohl auch nicht mit Sicherheit, die im Sinne eines sicheren Ereignisses $\Omega$ gemäß dem KOLMOGOROVschen Normierungsaxiom $P(\Omega) = 1$ definitionsgemäß mit einer Wahrscheinlichkeit von eins „geschmückt" wird.

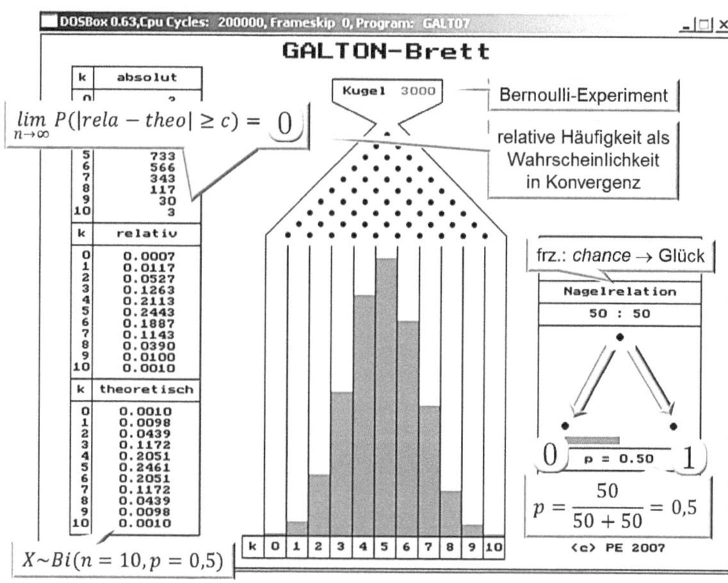


**Abb. 64: Galton-Brett**

Zur exemplarischen Beschreibung des dritten KOLMOGOROVschen Axioms, das auch als Additionsaxiom bezeichnet wird, erweist sich ein kurzer Blick auf das Galton-Brett innerhalb der Abbildung 64 als hilfreich, wobei die rechtsseitig vermerkte Nagelrelation von 50 zu 50 von Belang ist.

Die Idee des plakatierten Galton-Brettes geht auf den englischen Mathematiker Sir Francis GALTON (*1822, †1911) zurück, der auf einem Brett in Schräglage mehrere Nagelreihen anbrachte, um mittels des Durchlaufs einer großen Anzahl von Kugeln durch die Nagelreihen das schwache Gesetz großer Zahlen bildhaft zu veranschaulichen und empirisch zu untermauern. Das zugrunde liegende Computerprogramm wurde vom Autor des vorliegenden Essays erstellt.

Unter der Prämisse, dass die Nägel zweier benachbarter Nagelreihen so in das Brett eingeschlagen werden, dass ein Nagel in einer oberen Reihe jeweils mittig zu den beiden benachbarten unteren Nägeln steht, kann man intuitiv nachvollziehen, dass die Chancen, dass eine Kugel bei einem Kugeldurchlauf auf einen Nagel trifft und nach links oder nach rechts unten fällt, gleich bemessen sind. Umgangssprachlich würde man diesen Glücksfall mit der zahlenmäßigen Relation von „50 zu 50" zum Ausdruck bringen. Wenn die Chancen 50 zu 50 stehen, dass eine Kugel nach links oder nach rechts unten fällt, dann beträgt die Wahrscheinlichkeit dafür, dass zum Beispiel das zufällige Ereignis R eintritt und eine Kugel beim Auftreffen auf einem Nagel nach rechts unten fällt,

$$P(R) = \frac{50}{50 + 50} = 0{,}5.$$

In logischer Konsequenz beläuft sich die Wahrscheinlichkeit für das komplementäre Ereignis L, wonach eine Kugel nach links unten fällt, gleichfalls auf einen Wert von P(L) = 0,5. Da den beiden zufälligen Ereignisse R und L eine gleiche Wahrscheinlichkeit zukommt, bezeichnet man diese auch als gleichwahrscheinliche Ereignisse.

Doch mehr noch! Da eine Kugel beim Auftreffen auf einem Nagel entweder nur nach links oder nach rechts unten, aber nicht zugleich nach rechts und nach links unten fallen kann, kennzeichnet man die beiden Ereignisse R und L aus mengentheoretischer Sicht wegen einer leeren Schnittmenge

$$R \cap L = \{\,\} = \emptyset$$

als zwei disjunkte oder elementefremde zufällige Ereignisse, deren gemeinsames Eintreten ein unmögliches Ereignis symbolisiert, dessen Wahrscheinlichkeit per Definition wiederum null ist. Im Gegensatz dazu kennzeichnet aus mengentheoretischer Sicht die Vereinigungsmenge

$$R \cup L = \Omega$$

aus den beiden disjunkten bzw. elementefremden zufälligen Ereignissen R und L ein sicheres Ereignis, dessen Wahrscheinlichkeit

$$P(R \cup L) = P(\Omega) = 1$$

gemäß dem KOLMOGOROVschen Normierungsaxiom eins ist. Allein mit diesen elementaren und leicht nachvollziehbaren Betrachtungen hat man auch eine Erklärung für das dritte KOLMOGOROVsche Axiom gefunden, das wegen

$$P(R \cup L) = P(R) + P(L) \text{ und } R \cap L = \emptyset$$

auch als Additionsaxiom bezeichnet wird und schlussendlich eine weitere plausible Begründung dafür liefert, warum die Wahrscheinlichkeit dafür, dass eine Kugel entweder nach links oder nach rechts unten fällt, wegen

$$P(R \cup L) = P(R) + P(L) = 0{,}5 + 0{,}5 = 1 = P(\Omega)$$

die Wahrscheinlichkeit eines sicheren Ereignisses ist. Das Additionsaxiom bildet wiederum die Grundlage für eine logische Herleitung und numerische Begründung der komplementären Ereigniswahrscheinlichkeiten

$$P(R) = 1 - P(L) = 1 - 0{,}5 = 0{,}5 \text{ und } P(L) = 1 - P(R) = 1 - 0{,}5 = 0{,}5.$$

Vor allem im Hinblick auf eine Würdigung der beiden auf dem magischen Spielwürfel eingekerbten Zahlen 0 und 1 ist die folgende numerische Betrachtung beachtenswert und interessant. Würde man einen zufallsbedingten Kugeldurchlauf durch die zehn Nagelreihen derart protokollieren, dass man analog zur Abbildung 64 ein Fallen der Kugel nach links unten mit einer Null und ein Fallen der Kugel nach rechts unten mit einer Eins vermerken würde, dann würde ein numerisches Protokoll eines Kugeldurchlaufs aus insgesamt zehn Nullen oder Einsen bestehen. Zum Beispiel könnte man anhand des Durchlaufprotokolls

0 0 1 0 1 1 0 1 0 1

den Weg der Kugel nicht nur retrospektiv verfolgen, sondern zudem auch noch final vermerken, dass sie nicht nur insgesamt fünfmal nach links unten und fünfmal nach rechts unten, sondern zugleich auch noch in das Fach mit der Nummer k = 5 gefallen ist. Das sublime und intuitiv eher unwahrscheinliche Ereignis, dass eine Kugel bei Auftreffen auf einen Nagel stets nur nach links unten bzw. nach rechts unten fällt, würde demnach mit einer Folge von zehn Nullen bzw. von zehn Einsen protokolliert und final im Fach k = 0 bzw. im Fach k = 10 vermerkt und gezählt. Bei n = 10 Nagelreihen gibt es daher k = n + 1 = 11 Fächer, in welche eine Kugel nach einem Durchlauf zufallsbedingt fallen kann.

Allein bei den 3000 simulierten Kugeldurchläufen, die mit Bezug auf den Schweizer Mathematiker Jacob BERNOULLI (*1654, †1705) auch als ein Bernoulli-Experiment gekennzeichnet werden, wird anhand des nahezu symmetrischen Säulendiagramms augenscheinlich, dass sich hinter dem freien Spiel des Zufalls letzten Endes ein ehrenwertes Gesetz offenbart, das wiederum mit dem Modell einer Binomialverteilung beschrieben und nachgebildet werden kann.

Nach 3000 voneinander unabhängigen Kugeldurchläufen sind gemäß Abbildung 64 zum Beispiel 343 Kugeln in das Fach der Ordnung k = 7 gefallen, was einer empirisch beachteten relativen Häufigkeit von

$$p_7 = \frac{343}{3000} \cong 0{,}1143$$

und einer theoretisch ermittelten Binomialwahrscheinlichkeit von

$$\mathrm{P}(\mathrm{X} = 7) = \binom{10}{7} \cdot 0{,}5^7 \cdot (1 - 0{,}5)^{10-7} \cong 0{,}1172$$

entspricht. Während X eine diskrete Zufallsgröße bezeichnet, die als ein theoretisches Konstrukt zur Beschreibung zufälligen Geschehens in der Regel abzählbar endlich viele und im konkreten Fall für alle k von 0 bis 10 insgesamt 10 + 1 = 11 mögliche und zufallsbedingte diskrete Realisationen annehmen kann, symbolisiert

$$\binom{n}{k} = \frac{n \cdot (n-1) \cdot \ldots \cdot (n-k+1)}{1 \cdot 2 \cdot \ldots \cdot k}$$

mit $n, k \in \mathbb{N}$ und $k \leq n$ einen Binomialkoeffizienten, dessen verkürzende Notation (lies: *n über k*) vom Schweizer Mathematiker Leonhard EULER (*1707, †1783) eingeführt wurde. Ihm zu Ehren nennt man es auch das EULERsche Symbol, für das wiederum die folgenden Festlegungen gelten:

$$\binom{n}{0} = \binom{0}{0} = 1 \text{ und } \binom{n}{k} = \binom{n}{n-k}.$$

Das theoretische Modell einer Binomialverteilung[49], die ihrem lateinischen Wortursprung gemäß eine Zweinamensverteilung kennzeichnet, ist im konkreten Fall durch die beiden Modellparameter n = 10 und p = 0,5 vollständig spezifiziert. In der allgemein üblichen Notation bezeichnet n = 10 die Anzahl voneinander unabhängiger Versuche in Form eines Kugeldurchlaufs über bzw. durch zehn Nagelreihen und p = 0,5 die bei jedem Versuch konstante Erfolgswahrscheinlichkeit. Die Kennzeichnung eines Versuchsergebnisses als einen Erfolg ist eine Definitionsfrage. Deutet man das Fallen einer Kugel nach rechts unten als einen Erfolg, dann ist das Fallen einer Kugel nach links unten eben ein Misserfolg.

Aufgrund dessen, dass die finalen Versuchsergebnisse in Form der Fächer der Ordnung k = 0, 1,…, n = 10 sich paarweise gegenseitig ausschließen und damit

---

[49] Eine paradigmatische Darstellung des Modells einer Binomialverteilung findet man unter anderem bei ECKSTEIN, Peter P.: Statistik für Wirtschaftswissenschaftler, Eine realdatenbasierte Einführung mit SPSS, 5., aktualisierte und erweiterte Auflage, Springer Gabler Wiesbaden 2016, 6.5 Wahrscheinlichkeitsverteilungen, Seite 178 ff.

als disjunkte finale Ergebnisse aufgefasst werden können, kann man anhand der Abbildung 64 numerisch nachvollziehen, dass gemäß dem KOLMOGOROVschen Additionsaxiom wegen n = 10, p = 0,5 und

$$P(\Omega) = \sum_{k=0}^{n} \binom{n}{k} \cdot p^k \cdot (1-p)^{n-k} = 1$$

die Summe der in der Rubrik „theoretisch" vermerkten Erfolgswahrscheinlichkeiten eins ist. Demnach „ist es sicher", dass eine Kugel nach einem Durchlauf durch zehn Nagelreihen in eines der n + 1 = 11 Fächer der Ordnung k fällt.

Dass sich analog die in der Rubrik „absolut" vermerkten absoluten Kugelhäufigkeiten zu 3000 und die in der Rubrik „relativ" aufgelisteten relativen Kugelhäufigkeiten zu eins summieren, ist evident und leicht nachvollziehbar. In der statistischen Methodenlehre bezeichnet man die empirisch ermittelte Verteilung der 3000 Kugeln auf die 11 Fächer der Ordnung k als eine absolute Häufigkeitsverteilung. Die Begriffe von einer relativen Häufigkeitsverteilung oder einer Wahrscheinlichkeitsverteilung sind somit auch semantisch erklärbar: Sowohl die gesamte relative Häufigkeitsmasse als auch die gesamte Wahrscheinlichkeitsmasse von eins wird jeweils auf insgesamt 11 Fächer verteilt.

À propos relative Häufigkeit und Wahrscheinlichkeit: Allein anhand des plakatierten Bernoulli-Experiments, das in seiner Vielfalt auch als ein Bernoulli-Prozess vermerkt werden kann, wird bereits augenscheinlich, dass die empirisch ermittelten relativen Häufigkeiten nur noch geringfügig von den theoretisch berechneten Wahrscheinlichkeiten abweichen und im Blickwinkel einer Grenzwertbetrachtung gegen null konvergieren und theoretisch verschwinden. Dieser Sachverhalt wird in der statistischen Methodenlehre auch als „schwaches Gesetzes großer Zahlen" gekennzeichnet. In der angewandten Statistik erweist sich das in einem wahren Sinn des Wortes „schwache" Gesetz großer Zahlen vor allem dann als vorteilhaft, praktikabel und zielführend, wenn Wahrscheinlichkeiten für interessierende Fragestellungen nicht ohne weiteres berechnet werden können. Man verwendet dann die auf einer großen Anzahl von empirisch erhobenen Beobachtungsbefunden beruhenden relativen Häufigkeiten als Näherungs- oder Schätzwerte für unbekannte oder nicht unmittelbar berechenbare Wahrscheinlichkeiten und deutet analog zur Abbildung 64 „relative Häufigkeiten als Wahrscheinlichkeiten in Konvergenz".

Angesichts der paradigmatisch erläuterten wahrscheinlichkeitstheoretischen Betrachtungen in ihrem Erscheinungsbild von Null-Eins-Duetten ist es an dieser Stelle geboten, auf das Kapitel 3.6 zu verweisen, indem das gesamte Würfelsextett im Spiegel der statistischen Induktion exemplarisch betrachtet wird.

### Binärcode als ein Null-Eins-Duett

Aus dem breitgefächerten Katalog numerischer Null-Eins-Duette ist es im Hinblick auf die Abbildung 65 geboten, einige Randglossen hinsichtlich eines sogenannten Binärcodes zu vermerken.

Im Unterschied zum Dezimalsystem, das mit seinen zehn einstelligen Ziffern 0 bis 9 in der Abbildung 21 anschaulich dargestellt wurde, beruht das binäre oder duale Zahlensystem als ein Stellenwertsystem lediglich auf den beiden Ziffern Null und Eins. Die Idee eines dualen Zahlensystems selbst geht auf den letzten deutschen Universalgelehrten Gottfried Wilhelm LEIBNIZ (*1646, †1716) zurück, der beim „Rechnen mit Nullen und Einsen“ wohl eher in einem metaphysischen oder „jenseits aller Erkenntnisse liegenden“ Sinne die Null als das Nichts und die Eins als das Göttliche charakterisierte.[50]

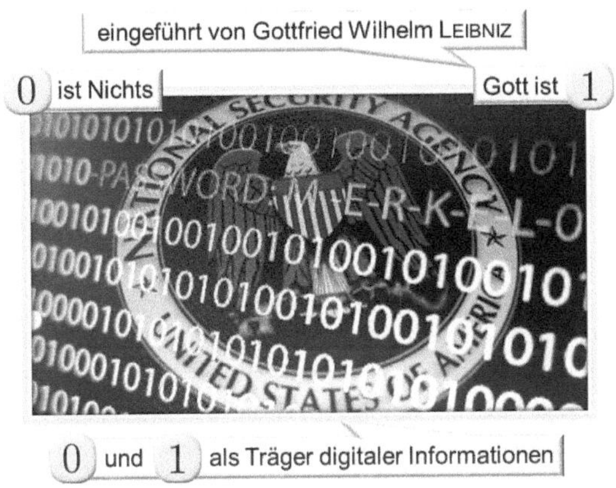


**Abb. 65: Binärcode**

Der mit Hilfe der beiden Zahlen Null und Eins dargestellte Binärcode innerhalb der Abbildung 65 ist schlechthin ein Sinnbild für digitale Informationen. In der Informatik, einer aus den Begriffen INFORmation und AutoMATIK entlehnten neuen Wortschöpfung zur Kennzeichnung einer automatischen Informationsverarbeitung, ist ein „bit“ die kleinste digitale Informationseinheit, mit der aus computertechnischer Sicht die elektrische Spannung an einer Transistorstelle nur mit den zwei Zuständen „0 für niedrig“ oder „1 für hoch“ beschrieben werden kann.

---

50 Vgl. Brockhaus Enzyklopädie in 30 Bänden, 21., völlig neu bearbeitete Auflage, Leipzig, Mannheim 2006, Band 16, Seite 540

Die Abbreviatur „bit“ selbst resultiert aus einer Verkürzung des englischen Begriffs *b(inary dig)it*, der wiederum seinen Wortursprung im Lateinischen *digitus binarius*, einem zweiwertigen Daumensignal, hat.

Der Legende nach soll im alten Rom ein *digitus binarius* die folgende Semantik besessen haben: Daumen runter für „Tötet ihn“ und Daumen hoch für „Lasst ihn am Leben“. In unserer Alltagssprache haben diese beiden Daumensignale zwar nicht mehr diese martialische Bedeutung, sie stehen aber immer noch und für alle verständlich für die Dichotomie von „Ablehnung“ oder „Zustimmung“.[51]

Das im computertechnischen Sinne vorteilhafte Dualsystem hat allerdings auch eine Schattenseite, die man sich wie folgt leicht verdeutlichen kann: Während man für eine binäre Darstellung der einziffrigen natürlichen Zahl 7 wegen

$$1 \cdot 2^2 + 1 \cdot 2^1 + 1 \cdot 2^0 = 4 + 2 + 1 = 7$$

mit 111 drei mit der Ziffer 1 belegte Binärstellen benötigt, ist für eine binäre Darstellung der natürlichen Zahl 8 wegen

$$1 \cdot 2^3 + 0 \cdot 2^2 + 0 \cdot 2^1 + 0 \cdot 2^0 = 8 + 0 + 0 + 0 = 8$$

bereits eine vierstellige Binärzahl in Gestalt der Ziffernfolge 1000 mit einer Eins und drei Nullen erforderlich, vom digitalisierten Password *Merkel* einmal ganz zu schweigen.

### Phi-Arithmetik

Wesentlich beeindruckender als die in der Abbildung 65 plakatierte Null-Eins-Digitalisierung erscheint die in der Abbildung 66 dargestellte Phi-Arithmetik auf der Basis der im Kapitel 2.3 vorgestellten Zahl des goldenen Verhältnisses.

$$\phi \times \phi = \phi + 1$$

$$\frac{1}{\phi} = \phi - 1$$

$$1 + \frac{1}{\phi} = \phi$$

**Abb. 66: Phi-Arithmetik**

[51] Vgl. ECKSTEIN, Peter P.: Das alltägliche Kalenderblatt – Ein allegorisches Zahlenkaleidoskop, Rainer Hampp Verlag München und Mering 2011, Seite 37

Um sich von der Faszination der drei Gleichungen nicht nur beeindrucken, sondern zugleich auch überzeugen zu lassen, soll der Anschaulichkeit halber einmal die Größe Phi nicht als eine Konstante, sondern als eine Variable aufgefasst werden, die gemäß dem Lateinischen *varia* dann ein „Allerlei" oder eine Veränderliche ist und exemplarisch den Wert 2 annehmen kann und soll.

Demnach würde sowohl die erste Beziehung wegen

$$2 \cdot 2 = 4 \neq 2 + 1 = 3$$

als auch die zweite Beziehung wegen

$$\frac{1}{2} = 0{,}5 \neq 2 - 1 = 1$$

und schlussendlich auch die dritte Beziehung wegen

$$1 + \frac{1}{2} = 1{,}5 \neq 2$$

als eine Ungleichung in Erscheinung treten. Verwendet man hingegen per Definition für die irrationale Konstante einmal nur den Wert $\phi \cong 1{,}618$, dann kann man (von Rundungsfehlern einmal abgesehen) für die drei Gleichungen zeigen, dass sie wegen

$$1{,}618 \cdot 1{,}618 = 1{,}618^2 = 1{,}618 + 1 = 2{,}618$$

$$\frac{1}{1{,}618} = 1{,}618 - 1 = 0{,}618$$

$$1 + \frac{1}{1{,}618} = 1{,}618$$

zurecht als solche bezeichnet werden.

Alles Hokuspokus? Natürlich nicht! Es ist einfach nur faszinierend und magisch zugleich, da alle drei Phi-Arithmetiken aus der Eigenschaft folgen, dass Phi eine Lösung von

$$\phi^2 - \phi - 1 = 0$$

ist und die Zahl 2 eben nicht.

### Exponentialfunktion im 1-e-Spiegelbild

Nicht minder faszinierende mathematische Einblicke gewährt die Abbildung 67 in einer alleinigen Betrachtung der Exponentialfunktion mittels der beiden auf dem magischen Spielwürfel schwarz auf weiß vermerkten Symbole in Gestalt der natürlichen Zahl Eins und der Eulerschen Konstanten e.

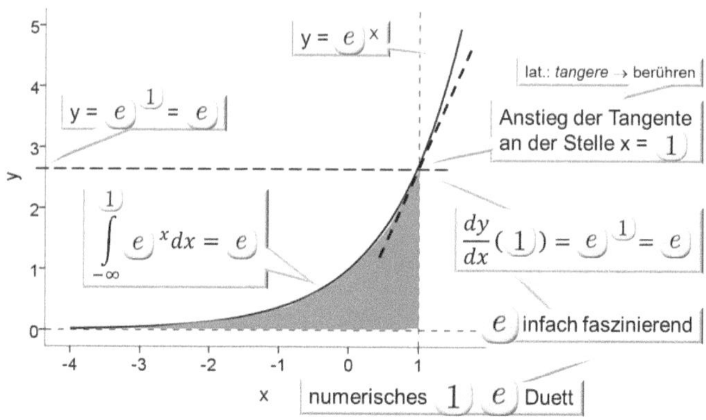


**Abb. 67: e-Funktion - einfach faszinierend**

Doch womit beginnen, um die angekündigte Faszination anschaulich zu begründen? Am besten man beginnt bei oder mit der Exponential- bzw. e-Funktion

$$y = f(x) = e^x,$$

deren Graph in Gestalt einer stetig wachsenden Kurve erscheint. Dass der Wert der e-Funktion an der Stelle x = 1 wegen

$$y = f(1) = e^1 = e \cong 2{,}718$$

identisch ist mit dem Wert der Eulerschen Konstanten e, überrascht zumindest in der Hinsicht, dass man daraus einen numerischen Reim als Merksatz herleiten kann: „Erscheint bei der Exponentialfunktion die Eins als Exponent, dann ist die Konstante e in ihrem Element."

Im Kontext paradigmatischer Betrachtungen der Eulerschen Konstanten e wurde ausgangs des Kapitels 2.3 bereits lakonisch vermerkt, dass die Exponentialfunktion mit ihrer ersten Ableitung in Gestalt des Differentialquotienten

$$\frac{dy}{dx} = e^x$$

identisch ist. Allein schon diese Notiz ist ungemein beeindruckend und hinsichtlich ihrer Kernaussage einmalig.

Legt man analog zur Abbildung 67 an die Exponentialfunktion $y = e^x$ an der Stelle $x = 1$ eine Tangente an, die in Anlehnung an ihren lateinischen Wortursprung bildhaft als eine Gerade erscheint, die eine Kurve an einer beliebigen Stelle „berührt", dann ist wegen

$$\frac{dy}{dx}(x = 1) = e^1 = e$$

auch der Anstieg der Tangente an dieser Stelle identisch mit der Konstanten e.

Legte man hingegen einmal eine Tangente an der Stelle $x = 0$ an die Kurve der e-Funktion an, dann wäre wegen

$$\frac{dy}{dx}(x = 0) = e^0 = 1$$

der Anstieg der Tangente mit dem Wert 1 bemessen.

Allein anhand dieser beiden tangentialen Betrachtungen wird bereits ersichtlich, dass die Veränderung der Größe x vom Wert $x = 0$ auf den Wert $x = 1$ einhergeht mit der Veränderung des Wertes der e-Funktion von $y = 1$ auf den Wert $y = e$. Oder anders formuliert: Wächst die Größe x um eine Einheit, dann wächst die Größe y um das 2,718-Fache, woraus sich letztlich auch die Kennzeichnung der e-Funktion als eine Wachstumsfunktion semantisch erklären lässt.

Und als hätte man eine Münze in der Hand, die zur Würdigung der Infinitesimalrechnung geprägt wurde (welch´ eine Illusion!), dann würde vermutlich auf der einen Seite ein Differentialquotient und auf der anderen Seite ein Integral zu erkennen sein, die nicht nur als beidseitige Münzbilder, sondern auch als mathematische Konstrukte eng miteinander verwoben sind.

Gemäß Abbildung 67 gewährt das Integral

$$\int_{-\infty}^{1} e^x \, dx = e$$

über der e-Funktion in den Grenzen „von minus unendlich bis eins" nicht nur ein faszinierendes und mit der Eulerschen Konstanten e identisches numerisches Resultat, sondern zugleich auch noch ein beeindruckendes Erscheinungsbild in Gestalt der Fläche unterhalb der e-Funktion und oberhalb der Abszisse x bis an die Stelle $x = 1$.

Mit dem plakativ vermerkten Kommentar „einfach faszinierend" scheint man mit der Abbildung 67 im wahren Sinn des Wortes wie mit einem Hammer „den Nagel auf den Kopf" getroffen zu haben. Doch eine mathematische Faszination muss nicht mit Notwendigkeit auch immer ein lebensnahes Erscheinungsbild sein.

Letzteres vermittelt die Abbildung 68 vermutlich nicht auf einem ersten Blick, aber mit Gewissheit nach einigen Erläuterungen, die aus wissenschaftlicher Sicht der angewandten Ökonometrie zugeordnet werden können.

## Bivariate Regression und Korrelation

Den praktischen Hintergrund bilden die Erhebungsmerkmale Zeitwert (Angaben in €) und Alter (Angaben in Monaten) von 200 zufällig ausgewählten und im Jahr 2011 auf dem Berliner Gebrauchtwagenmarkt zum Kauf angebotenen Gebrauchtwagen von Typ VW Golf Benziner mit einem 1,6-Liter-Triebwerk.

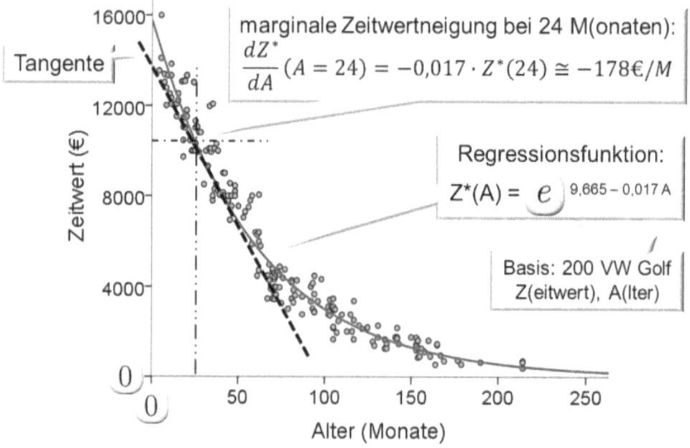


**Abb. 68: Nichtlineare Regression**

Allein anhand eines nichtlinear fallenden Verlaufes der Punktewolke im sogenannten Streudiagramm wird augenscheinlich und sachlogisch nachvollziehbar, dass mit zunehmendem Alter der Zeitwert eines Gebrauchtwagens fällt. Denkt man sich einmal alle 200 Punkte der Punktewolke „auf ein mittleres Maß" derart „zurückgeführt", dass alle Punkte auf dem nichtlinearen Graphen zu liegen kommen, hat man mit dieser Metapher einen anschaulichen Zugang zu einem anspruchsvollen und äußerst interessanten Analysekonzept gefunden, das in der statistischen Methodenlehre unter dem kennzeichnenden Begriff einer Regressionsanalyse firmiert.

Der statistische Regressionsbegriff selbst geht auf den englischen Mathematiker und Statistiker Sir Francis GALTON (*1822, †1911) zurück und kann seinem lateinischen Wortursprung gemäß mit einem „Zurückführen auf ein mittleres Maß" übersetzt werden. GALTON, der ein Cousin des Begründers der Evolutionstheorie Charles DARWIN (*1809, †1882) war, widmete sich auf Drängen von DARWIN erst nach dessen Tod in seinem 1885 erschienenen und berühmten Traktat „Die

Regression in Richtung auf das allgemeine Mittelmaß bei der Vererbung der Körpergröße" diesem naturgegebenen Problemkreis.[52]

Die mit Hilfe der Methode der kleinsten Quadratesumme nach Carl Friedrich GAUß (*1777, †1855) aus den Beobachtungsbefunden $\{(A_i, Z_i), i = 1, 2, \ldots, 200\}$ geschätzte bivariate nichtlineare Regressionsfunktion

$$Z^*(A) = e^{9{,}665 - 0{,}017 \cdot A}$$

des Zeitwertes Z über dem Alter A in analytischer Gestalt einer Exponentialfunktion erfährt ihr grafisches Erscheinungsbild in einer fallenden Kurve, die gemäß dem Regressionsprinzip „des Zurückführens auf ein mittleres Maß" augenscheinlich „in der Mitte der Punktewolke" verläuft.

Ist man einmal daran interessiert, den Zeitwert für einen zwei Jahre alten Gebrauchtwagen zu ermitteln, würde man wegen A = 24 Monate und

$$Z^*(24) = e^{9{,}665 - 0{,}017 \cdot 24} \cong 10478$$

mit Hilfe der Regressionsfunktion einen Zeitwert von 10478 € berechnen und diesen als einen marktüblichen und im Mittel zu erwartenden Zeitwert deuten.

Ist man hingegen an der sogenannten marginalen Zeitwertneigung für einen zwei Jahre alten Gebrauchtwagen vom Typ VW Golf Benziner mit einem 1,6-Liter-Triebwerk interessiert, dann würde man in die erste Ableitung

$$\frac{dZ^*}{dA} = -0{,}017 \cdot e^{9{,}665 - 0{,}017 \cdot A}$$

der bivariaten nichtlinearen Regression Z*(A) nach dem Alter A bestimmen, wobei gemäß der sogenannten Kettenregel der erste Faktor in Form des Wertes -0,017 das Resultat der sogenannten inneren Ableitung und der zweite Faktor in Form einer Exponentialfunktion exp(9,667 – 0,017·A) das Resultat der sogenannten äußeren Ableitung kennzeichnet.

---

[52] Eine anschauliche und realdatenbasierte Einführung in die bivariate und multiple Regressionsanalyse findet man unter anderem bei: i) ECKSTEIN, Peter P.: Repetitorium Statistik - Deskriptive Statistik, Stochastik, Induktive Statistik, 8., aktualisierte und erweiterte Auflage, Springer Gabler Wiesbaden 2014, Kapitel 7, Seite 97 ff, ii) ECKSTEIN, Peter P.: Statistik für Wirtschaftswissenschaftler, Eine realdatenbasierte Einführung mit SPSS, 5., aktualisierte und erweiterte Auflage, Springer Gabler Wiesbaden 2016, Kapitel 9, Seite 331 ff, iii) ECKSTEIN, Peter P.: Angewandte Statistik mit SPSS, Praktische Einführung für Wirtschaftswissenschaftler, 8., überarbeitete und erweiterte Auflage, Springer Gabler Wiesbaden 2016, Kapitel 6, Seite 197 ff.

Bedient man sich in diesem Blickwinkel wiederum des bildhaften Gleichnisses von einer Tangente, die man an der Stelle A = 24 Monate an die fallende Regressionskurve anlegt, dann ist es sinnvoll und sachlogisch nachvollziehbar, den Wert der ersten Ableitung zu bestimmen und diesen wegen

$$\frac{dZ^*}{dA}(A = 24) = -0{,}017 \cdot e^{9{,}665 - 0{,}017 \cdot 24} \cong -178$$

als eine marginale Zeitwertneigung zu deuten. Demnach müsste man unter sonst gleichen Bedingungen bei einem gebrauchten VW Golf Benziner mit einem 1,6-Liter-Triebwerk erwartungsgemäß und im Mittel im Verlaufe des 25-sten Altersmonats mit einem Zeitwertverlust von 178 € rechnen. Im Vergleich dazu müsste man für einen zehn Jahre alten VW Golf wegen A = 120 Monate und

$$\frac{dZ^*}{dA}(A = 120) = -0{,}017 \cdot e^{9{,}665 - 0{,}017 \cdot 120} \cong -35$$

im Verlauf eines Monats erwartungsgemäß und im Durchschnitt nur noch mit einem Zeitwertverlust von 35 € rechnen. Dieser merkantilistische Befund leuchtet nicht nur aus sachlogischer, sondern gleichsam auch aus analytischer Sicht ein, wenn man sich wiederum des bildhaften Gleichnisses von einer Tangente bedient, die man in der Abbildung 68 an die fallende Kurve an der Stelle A = 120 anlegen würde. Der negative Anstieg dieser Geraden würde wesentlich geringer ausgeprägt sein als der negative Anstieg der Tangente an der Stelle A = 12 Monate.

Aus didaktisch-methodischer Sicht erweisen sich die folgenden Randglossen vor allem dann als hilfreich, wenn es darum geht zu begründen, weshalb, wieso und warum die berechneten marginalen Zeitwertneigungen von -178 € pro Monat und -35 € pro Monat als dimensionsgeladene Maßzahlen in Erscheinung treten und als solche erst eine sachlogisch plausible Interpretation ermöglichen.

Mit Bezug auf die ausgangs des Kapitels 2.4 vermerkten Randglossen zur Infinitesimalrechnung kann unter Verwendung des Leibnizschen Differentialsymbols d(*ifferentia*) der Zählerterm dZ* des Differentialquotienten dZ*/dA als ein Differential der regressionsanalytisch geschätzten Zeitwerte Z*(A) und der Nennerterm dA als ein Altersdifferential gedeutet werden. Gemäß seinem lateinischen Wortursprung kennzeichnet ein Differential theoretisch eine „unendlich kleine Differenz“ und praktisch eine „sehr kleine Veränderung“. Da der Zeitwert in € und das Alter in Monaten erfasst wurden, wird mit Hilfe des Differentialquotienten die kleinste erfasste Zweitwertveränderung je kleinste erfasste Altersveränderung beschrieben, die sich zum Beispiel für einen zwei Jahre alten VW Golf auf -178 € pro Monat beläuft.

Ein Analysekonzept, das in der Statistik von substantieller praktischer Bedeutung ist, wird in der Abbildung 69 plakativ und exemplarisch dargestellt: Es ist die bivariate Maßkorrelationsanalyse, die ihrem lateinischen Wortursprung nach eine Zusammenhangsanalyse auf der Basis von zwei metrischen Merkmalen ist.[53]

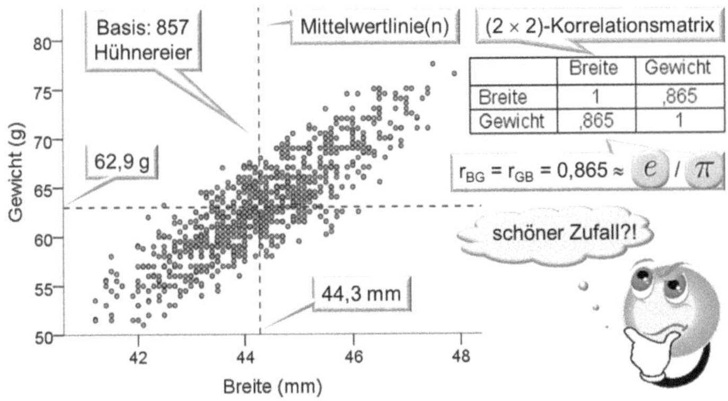


**Abb. 69: Bivariate Korrelation**

Im Zentrum der Abbildung 69 steht die kausalanalytisch und sachlogisch begründete Betrachtung des statistischen Zusammenhangs zwischen dem Gewicht und der Breite von 857 Hühnereiern. Bereits anhand des „gestreckten Verlaufs" der Punktewolke im Streudiagramm mit den „gestrichelten" Mittelwertlinien wird augenscheinlich, dass unter- bzw. überdurchschnittlich breite Hühnereier in der Regel auch unter- bzw. überdurchschnittlich schwer sind. Dieser augenscheinliche Befund eines mehrheitlich konkordanten oder gleichläufigen Verhaltens der Gewichts- und Breitenwerte um ihre Mittelwerte ist ein Hinweis auf eine ausgeprägte positive statistische Korrelation zwischen dem Gewicht und der Breite der 857 Hühnereier, die letzten Endes durch einen Maßkorrelationskoeffizienten von 0,865 in der (2 x 2)-Korrelationsmatrix numerisch untermauert wird.

---

[53] Eine anschauliche Einführung in die Zusammenhangsanalyse findet man unter anderem bei: i) ECKSTEIN, Peter P.: Repetitorium Statistik Deskriptive Statistik, Stochastik, Induktive Statistik, 8., aktualisierte und erweiterte Auflage, Springer Gabler Wiesbaden 2014, Kapitel 6, Seite 79 ff, ii) ECKSTEIN, Peter P.: Statistik für Wirtschaftswissenschaftler, Eine realdatenbasierte Einführung mit SPSS, 5., aktualisierte und erweiterte Auflage, Springer Gabler Wiesbaden 2016, Kapitel 8, Seite 291 ff, iii) ECKSTEIN, Peter P.: Angewandte Statistik mit SPSS, Praktische Einführung für Wirtschaftswissenschaftler, 8., überarbeitete und erweiterte Auflage, Springer Gabler Wiesbaden 2016, Kapitel 5, Seite 163 ff.

Ein in der angewandten Statistik häufig appliziertes und rechenaufwändiges Zusammenhangsmaß im Kontext einer bivariaten Korrelationsanalyse für zwei metrische Merkmale X und Y ist der Maßkorrelationskoeffizient $r_{XY}$ bzw. $r_{YX}$, der seinem Wesen nach ein normiertes und symmetrisches Maß ist, für das

$$-1 \leq r_{XY} = r_{YX} \leq 1$$

gilt und mit dessen Hilfe man stets nur die Stärke und die Richtung eines linearen statistischen Zusammenhanges zwischen zwei metrischen Merkmalen messen kann.

Die Idee eines bivariaten Maßkorrelationskoeffizienten selbst geht auf den französischen Physiker Auguste BRAVAIS (*1811, †1863) zurück. Seinen triumphalen Siegeszug als ein häufig appliziertes statistisches Zusammenhangsmaß hat der Maßkorrelationskoeffizient letztlich dem englischen Statistiker Karl PEARSON (*1857, †1936) zu verdanken. Dies ist auch ein Grund dafür, warum sowohl in der einschlägigen Literatur als auch in einschlägigen Software-Paketen ein bivariater Maßkorrelationskoeffizient gleichsam unter den Bezeichnungen Bravais-Pearson-Korrelation oder Pearson-Korrelation firmiert. Ein Maßkorrelationskoeffizient nahe 1 bzw. -1 indiziert einen starken positiven bzw. negativen linearen statistischen Zusammenhang zwischen zwei metrischen Merkmalen. Ein Maßkorrelationskoeffizient um 0 ist ein Indiz dafür, dass zwischen zwei metrischen Merkmalen kein linearer statistischer Zusammenhang nachweisbar ist.

Allein anhand der in der Abbildung 69 vermerkten Informationen kann man die folgenden elementaren statistischen und praxisrelevanten Betrachtungen nachvollziehen: Wenn das Durchschnittsgewicht eines Hühnereies mit 62,9 g angezeigt wird, dann leuchtet es ein, dass sich wegen

$$857 \cdot 62{,}9\ g = 53905{,}3\ g$$

das Gesamtgewicht aller 857 erfassten Hühnereier auf 53,9 Kilogramm bemisst. Würde man die 857 Hühnereier „breitenbezogen und sich gegenseitig berührend aneinanderreihen“, dann würde sich wegen

$$857 \cdot 44{,}3\ mm = 37965{,}1\ mm$$

die Länge der Reihe auf nahezu 38 Meter bemessen. Diese leicht nachvollziehbaren Berechnungen subsumiert man in der statistischen Methodenlehre unter dem Begriff der sogenannten Summeneigenschaft eines arithmetischen Mittels, die gleichsam wie die sogenannte Nulleigenschaft und die sogenannte quadratische Minimumseigenschaft, die bereits im Kapitel 3.1 paradigmatisch erläutert wurden, als eine typische Eigenschaft eines arithmetischen Mittels gekennzeichnet und in einer formalen Betrachtung wie folgt zusammengefasst werden kann: Sind $x_i$ für $i = 1, 2, \ldots, n$ die Merkmalswerte eines metrischen Merkmals X, dann ist wegen

$$\overline{x} = \frac{1}{n} \cdot \sum_{i=1}^{n} x_i \text{ und } n \cdot \overline{x} = \sum_{i=1}^{n} x_i$$

das Produkt aus der Anzahl der Merkmalswerte und ihrem arithmetischen Mittel gleich der Summe der Merkmalswerte.

Im Zuge einer ersten Betrachtung der Punktewolke innerhalb der Abbildung 69 wurde bereits vermerkt, dass unter- bzw. überdurchschnittlich breite Hühnereier in der Regel auch unter- bzw. überdurchschnittlich schwer sind und dass das sichtbare gleichläufige Verhalten der Gewichts- und der Breitenwerte um ihre Mittelwerte ein Hinweis auf eine ausgeprägte positive statistische Korrelation zwischen Gewicht und Breite der erfassten Hühnereier ist.

Verwendet man die in der Korrelationsanalyse allgemein übliche Symbolik und kennzeichnet die Breite als ein metrisches Merkmal X und das Gewicht als ein metrisches Merkmal Y eines Hühnereies, dann kann dieser grafische korrelationsanalytische Befund rechenaufwändig mit Hilfe der sogenannten Kovarianz

$$s_{XY} = \frac{1}{n-1} \cdot \sum_{i=1}^{n} (x_i - \overline{x}) \cdot (y_i - \overline{y}) = \frac{1}{856} \cdot 4520{,}54 \cong 5{,}281$$

zahlenmäßig untermauert werden. Die Kovarianz, die im konkreten Fall auf der Basis der n = 857 Wertepaare

$$\{(x_i, y_i), i = 1,2, \dots, n\}$$

als eine sogenannte Stichprobenkovarianz berechnet wurde, kann aus statistisch-methodischer Sicht als ein durchschnittliches Abweichungsprodukt der Breitenwerte $x_i$ und der Gewichtswerte $y_i$ von ihren Mittelwerten aufgefasst und gedeutet werden. Wohl leuchtet es im konkreten Fall ein, dass ein positiver Wert einer Kovarianz stets ein Hinweis auf eine positive Korrelation und in logischer Konsequenz eine negative Kovarianz ein Hinweis auf eine negative Korrelation ist. Die Frage aber, ob ein „gemessener" Wert von 5,281, für den man keine Norm kennt, als ein Indiz für eine schwach oder stark ausgeprägte Korrelation angesehen werden kann, bleibt vorerst unbeantwortet. Hinzu kommt noch, dass eine Kovarianz auf der Basis „originärer" Wertepaare in der Regel eine dimensionsgeladene Maßzahl ist, die im gegebenen Fall mit 5,281 Millimeter-Gramm angezeigt wird und sich somit in der Funktion eines Zusammenhangsmaßes einer sachlogisch plausiblen Interpretation verschließt.

Bestimmt man sowohl für die Breitenwerte $x_i$ als auch für die Gewichtswerte $y_i$ die gleichfalls dimensionsgeladenen Stichproben-Standardabweichungen

$$s_X = \sqrt{\frac{1}{n-1}\cdot\sum_{i=1}^{n}(x_i - \overline{x})^2} = \sqrt{\frac{1}{856}\cdot 1329{,}05} \cong 1{,}246\ mm$$

und

$$s_Y = \sqrt{\frac{1}{n-1}\cdot\sum_{i=1}^{n}(y_i - \overline{y})^2} = \sqrt{\frac{1}{856}\cdot 20535{,}11} \cong 4{,}898\ g,$$

dann erhält man schlussendlich mit

$$r_{XY} = r_{YX} = \frac{5{,}281\ [mm \cdot g]}{1{,}246\ [mm] \cdot 4{,}898\ [g]} \cong 0{,}865$$

den in der Korrelationsmatrix indizierten Maßkorrelationskoeffizienten, der seinem Wesen nach als eine mit den zugehörigen Standardabweichungen normierte und somit dimensionslose Kovarianz aufgefasst werden kann.

Schlussendlich kann analog zur Abbildung 69 wegen $r_{BG} = r_{GB} = 0{,}865$ zwischen dem Gewicht G (Angaben in Gramm) und der Breite B (Angaben in Millimetern) von 857 zufällig ausgewählten und erfassten Hühnereiern ein starker positiver linearer statistischer Zusammenhang gemessen werden, der zugleich auch die eingangs vermerkten grafischen und sowohl kausalanalytisch als auch sachlogisch begründeten Betrachtungen numerisch untermauert.

Dass der rechenaufwändige Wert von 0,865 nahezu identisch ist mit dem Quotienten aus der Eulerschen Konstanten e und der Kreiszahl Pi, ist zweifellos ein schönes und beeindruckendes Resultat „des freien Spiels des Zufalls“ und als ein skurril anmutendes numerisches Duett zumindest im Sinne der Kapitelüberschrift einer besonderen Erwähnung wert.

Gleichsam als ein skurriler Zahlenzauber erscheinen die beiden durch die Kreiszahl Pi und die Eulersche Konstante e getragenen Gleichungen

$$\pi^4 + \pi^5 = e^6 \text{ und } e^\pi - \pi \cong 20,$$

die bereits mit Hilfe eines Taschenrechners numerisch leicht überprüfbar und zugleich faszinierend sind.

Wohl weniger wegen seiner Eigenwilligkeit, sondern vielmehr wegen seiner unmittelbaren Nähe zur Kapitelüberschrift und zu den vorhergehenden korrelationsanalytischen Betrachtungen erscheint das in der Abbildung 70 plakatierte Eigenwertproblem von Interesse zu sein.

In der linearen Algebra werden, vereinfacht formuliert, die Lösungen der charakteristischen Gleichung einer quadratischen Matrix als Eigenwerte bezeichnet.

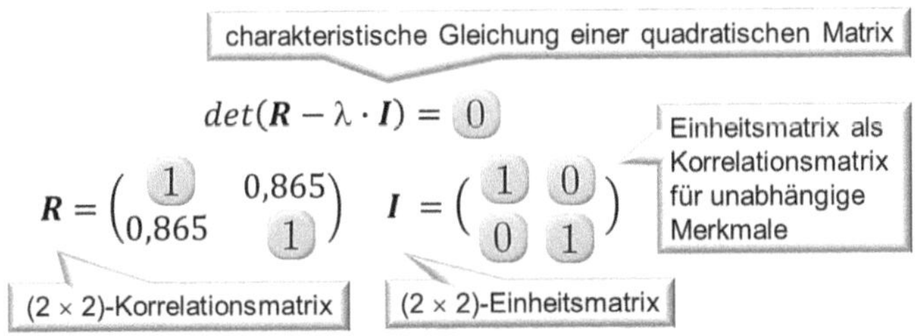


**Abb. 70: Eigenwertproblem**

Mit Bezug auf die Korrelationsmatrix in der Abbildung 69 und unter Verwendung der beiden in der Abbildung 70 indizierten quadratischen und symmetrischen Matrizen der Ordnung m = 2 bzw. vom Typ (2 x 2) erhält man wegen

$$det\begin{pmatrix}1-\lambda & 0{,}865\\ 0{,}865 & 1-\lambda\end{pmatrix} = 0$$

letztlich die Normalform der gemischtquadratischen Gleichung

$$\lambda^2 - 2\cdot\lambda + 0{,}252 = 0,$$

die in Gestalt eines Polynoms zweiten Grades gemäß dem Vietaschen Wurzelsatz die beiden reellwertigen Lösungen (lies: *Lambda eins* und *Lambda zwei*)

$$\lambda_1 = 1 + \sqrt{1 - 0{,}252} \cong 1{,}865 \text{ und } \lambda_2 = 1 - \sqrt{1 - 0{,}252} \cong 0{,}135$$

besitzt. Diese beiden reellwertigen Lösungen, deren Summe

$$\lambda_1 + \lambda_2 = 1{,}865 + 0{,}135 = 2$$

mit der Ordnung m = 2 der Korrelationsmatrix **R** und der Einheitsmatrix **I** übereinstimmen, kennzeichnen die Eigenwerte der Korrelationsmatrix **R**.

Interpretiert man in Anlehnung an die Abbildung 70 eine Einheitsmatrix als eine Korrelationsmatrix für unabhängige bzw. unkorrelierte Merkmale, dann würde man zum Beispiel wegen

$$\boldsymbol{R} = \begin{pmatrix}1 & 0\\ 0 & 1\end{pmatrix} \text{ und } det\begin{pmatrix}1-\lambda & 0\\ 0 & 1-\lambda\end{pmatrix} = 0 \text{ sowie } \lambda^2 - 2\cdot\lambda + 1 = 0$$

die beiden reellwertigen Lösungen

$$\lambda_1 = 1 + \sqrt{1-1} = 1 \text{ und } \lambda_2 = 1 - \sqrt{1-1} = 1$$

als die zu einer Einheitsmatrix gehörenden Eigenwerte kennzeichnen, deren Summe 1 + 1 = 2 wiederum mit der Matrixordnung m = 2 identisch ist.

In diesem Blickwinkel leuchtet es ein, dass eine Korrelationsmatrix für zwei funktional oder vollständig abhängige Merkmale wegen

$$\boldsymbol{R} = \begin{pmatrix} 1 & 1 \\ 1 & 1 \end{pmatrix} \text{ und } det\begin{pmatrix} 1-\lambda & 1 \\ 1 & 1-\lambda \end{pmatrix} = 0 \text{ sowie } \lambda^2 - 2 \cdot \lambda = 0$$

die beiden reellwertigen Eigenwerte

$$\lambda_1 = 1 + \sqrt{1-0} = 2 \text{ und } \lambda_2 = 1 - \sqrt{1-0} = 0$$

besitzt, deren Summe 2 + 0 = 2 in logischer Konsequenz mit der Ordnung m = 2 der Matrix **R** übereinstimmt.

## Faktorenanalyse mit klangvollem Null-Eins-Finale

Allein anhand dieser exemplarischen Betrachtungen wird augenscheinlich, dass das Kriterium „Eigenwert größer als eins“ dahingehend relevant ist, dass damit eine von null verschiedene Korrelation indiziert wird.

Dieses verbal formulierte und nüchtern wirkende mathematische Kriterium gewährt einen Zugang zu einem statistischen Analysekonzept, dass der multivariaten Statistik im Sinne einer „auf vielen Variablen beruhenden Zustandsbeschreibung“ zugeordnet wird und vor allem in der empirischen Wirtschafts- und Sozialforschung sowie in der Psychologie zu einer breiten Anwendung gelangt: eine sogenannte Faktorenanalyse.[54]

Zur Veranschaulichung des methodisch anspruchsvollen Analysekonzepts einer Faktorenanalyse erweist sich der Fragebogenauszug in der Abbildung 71 als hilfreich und zielführend. Der zugrundeliegende Fragebogen bildete wiederum die Basis von umfangreichen und semesterbezogenen Studierendenbefragungen.

In Anlehnung an die Redewendungen „aus viel mach´ wenig“ oder „weniger ist mitunter mehr“ soll anhand von empirisch erhobenen Daten mit Hilfe einer Faktorenanalyse das Ensemble der sechs vermerkten und mittels einer sogenannten Einhundert-Prozent-Skala gleichartig bemessenen metrischen Erhebungsmerkmale in Gestalt der studentischen Aktivitäten Vorlesungs-, Übungs- und Bibliotheksbesuch sowie Selbststudium, Studiengruppenarbeit und Nebenjobtätigkeit

---

[54] Eine paradigmatische und realdatenbasierte Einführung in eine Faktorenanalyse findet man unter anderem bei: i) ECKSTEIN, Peter P.: Statistik für Wirtschaftswissenschaftler, Eine realdatenbasierte Einführung mit SPSS, 5., aktualisierte und erweiterte Auflage, Springer Gabler Wiesbaden 2016, Kapitel 11, Seite 405 ff und ii) ECKSTEIN, Peter P.: Angewandte Statistik mit SPSS, Praktische Einführung für Wirtschaftswissenschaftler, 8., überarbeitete und erweiterte Auflage, Springer Gabler Wiesbaden 2016, Kapitel 9, Seite 323 ff.

aufgrund existierender korrelativer Beziehungen „auf ein kleineres Bündel von studentischen Aktivitätsfaktoren reduziert werden".

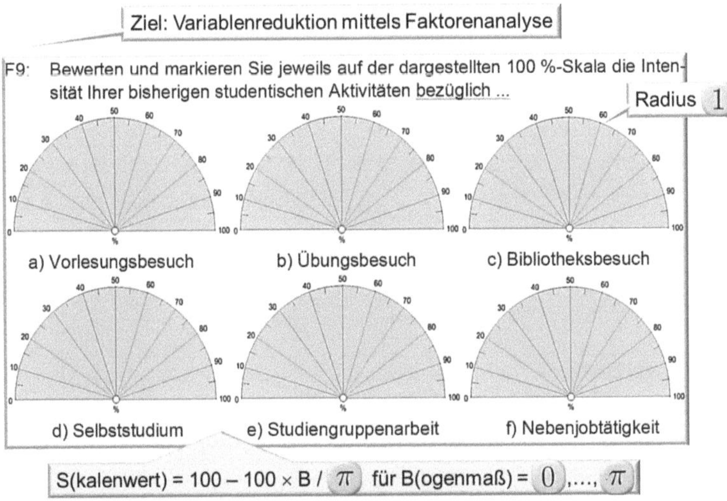


**Abb. 71: Fragebogenauszug**

Bereits die als ein Halbkreis dargestellte 100 %-Skala zur Messung der jeweiligen studentischen Aktivität ist im Hinblick auf die drei mit den Symbolen 0, 1 und π markierten Seiten des magischen Spielwürfels beachtenswert. Unter der Prämisse, dass die skizzierten Halbkreise jeweils auf einem Einheitskreis mit einem Radius von eins basieren, kann man unter Verwendung des Bogenmaßes für alle Werte von null bis Pi den jeweiligen Skalenwert S mittels der angezeigten Berechnungsvorschrift bestimmen. Das grafische Erscheinungsbild des Bogenmaßes B ist im konkreten Fall ein Teil des Halbkreisumfanges von der Länge Pi.

Während man für ein Bogenmaß von B = 0 wegen

$$S = 100 - \frac{100 \cdot 0}{\pi} = 100$$

einen Skalenwert von 100 erhält, ergibt sich für ein Bogenmaß von B = π/2 ein Skalenwert von

$$S = 100 - \frac{100 \cdot \frac{\pi}{2}}{\pi} = 100 - 50 = 50$$

und in logischer Konsequenz für ein Bogenmaß von B = π ein Skalenwert von

$$S = 100 - \frac{100 \cdot \pi}{\pi} = 100 - 100 = 0.$$

In der Abbildung 72 sind die Ergebnisse einer Faktorenextraktion mittels der sogenannten Hauptkomponentenmethode auf der Basis von 499 validen bzw. auswertbaren Fragebögen zusammengefasst.

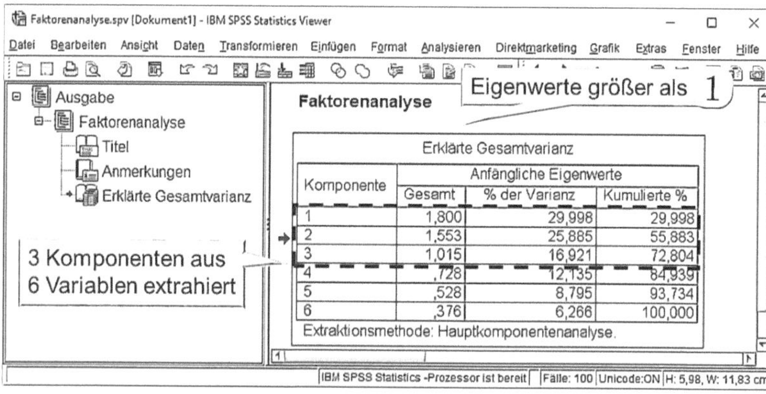


Erklärte Gesamtvarianz

| Komponente | Anfängliche Eigenwerte | | |
|---|---|---|---|
| | Gesamt | % der Varianz | Kumulierte % |
| 1 | 1,800 | 29,998 | 29,998 |
| 2 | 1,553 | 25,885 | 55,883 |
| 3 | 1,015 | 16,921 | 72,804 |
| 4 | ,728 | 12,135 | 84,939 |
| 5 | ,528 | 8,795 | 93,734 |
| 6 | ,376 | 6,266 | 100,000 |

Extraktionsmethode: Hauptkomponentenanalyse.

**Abb. 72: Eigenwerte und Komponentenextraktion**

Aufgrund dessen, dass sechs studentische Aktivitäten erfragt und gemessen wurden, basiert die praktizierte Zusammenhangsanalyse auf einer quadratischen und symmetrischen Korrelationsmatrix der Ordnung m = 6. Die sechs zugehörigen und absteigend geordneten reellwertigen Eigenwerte stimmen wegen

$$1{,}800 + 1{,}553 + 1{,}015 + 0{,}728 + 0{,}528 + 0{,}376 = 6$$

in ihrer additiven Betrachtung mit der Ordnung m = 6 der zugrundeliegenden Korrelationsmatrix überein, wobei im gegebenen Fall drei Eigenwerte größer als eins sind. Im Hinblick auf eine Komponentenextraktion können die drei „Eigenwerte größer als eins" dahingehend gedeutet werden, dass man aus sechs empirisch erhobenen Variablen aufgrund ihrer korrelativen Beziehung drei Variablenkonstrukte in Gestalt von sogenannten Komponenten „herauslösen" kann. „Aus sechs mach´ drei" lautet schlussendlich das eigenwertbasierte Extraktionsresultat.

Doch mit einem „Aus sechs mach´ drei" ist im Faustschen Sinne der Zahlenzauber noch lange nicht vorbei. Da eine Faktorenanalyse auf standardisierten Werten beruht und korrelative Betrachtungen von einer Standardisierung unberührt bleiben, ist die Gesamtvarianz der sechs standardisierten Erhebungsmerkmale identisch mit der Summe der Eigenwerte der zugrundeliegenden Korrelationsmatrix der Ordnung m = 6, woraus wiederum interessante varianzanalytischen Betrachtungen entlehnt werden können.

Demnach ist man zum Beispiel wegen

$$\frac{1{,}8}{6} \cdot 100\ \% \cong 30\ \%$$

mit der extrahierten Komponente 1 bereits in der Lage, nahezu 30 % der Gesamtvarianz aller sechs empirisch erhobenen und standardisierten Erhebungsmerkmale statistisch zu erklären. Mit den drei extrahierten und mit einem Eigenwert größer als eins gekennzeichneten Komponenten können in einem kumulativen erklärungsstatischen Sinne letztlich 72,8 % der Gesamtvarianz aller sechs standardisierten Erhebungsmerkmale „eingefangen und festgehalten“ werden.

Damit ist auch eine Schattenseite faktoranalytischer Betrachtungen angezeigt: Gleichwohl man die Anzahl von sechs empirisch erfassten Erhebungsmerkmalen auf drei Komponenten reduziert hat, geht mit dieser „halbierenden und markanten“ Variablenreduktion auch ein Informationsverlust einher, der sich wegen

$$(1 - 0{,}728) \cdot 100\% = 27{,}2\ \%$$

auf geringfügig mehr als ein Viertel aller erfassten und varianzanalytisch begründeten Informationen bezieht. Im faktoranalytischen Sinne gilt diese Gewinn-Verlust-Relation „von einer Hälfte zu einem Viertel“ noch als akzeptabel.

Mit einer Variablenextraktion, dem „Herausrechnen von latenten bzw. verborgenen Variablenkonstrukten aus erhobenen Daten“, ist im Zuge einer Faktorenanalyse allerdings nur ein erster Schritt getan. Im Bestreben, extrahierte Komponenten durch eine sogenannte Einfachstruktur zu kennzeichnen, um ihnen im Sinne einer „Faktorentaufe“ ein eindeutiges Namensetikett „aufkleben“ zu können, unterzieht man sie in einem zweiten Analyseschritt einer sogenannten Komponentenrotation, die analog zur Abbildung 73 auf der Basis des sogenannten Varimax-Verfahrens bewerkstelligt wurde.

Das Varimax-Verfahren, das auf den US-amerikanischen Psychometriker Henry Felix KAISER (*1927, †1992) zurückgeht, ist ein orthogonales Rotationsverfahren, das gemäß seinem griechischen Wortursprung auf rechtwinkligen Drehprojektionen beruht, mit dem Ziel, die Varianz von Komponentenladungen zur besseren Identifikation von Einfachstrukturen zu maximieren.

Beachtenswert ist dabei, dass sich durch eine Rotation die Eigenwerte durchaus geringfügig verändern können, ihr kumulierter Anteil an der erklärten Gesamtvarianz jedoch unverändert bleibt, der sich analog zur Abbildung 73 im gegebenen Fall auf 72,8 % beläuft.

Betrachtet man einmal nur in der rotierten (6 x 3)-Komponentenmatrix die angezeigten „Ladungen" der Komponente 2, dann zeigt sich, dass augenscheinlich die beiden Erhebungsmerkmale F9a und F9b, welche die studentischen Aktivitäten im Hinblick auf Vorlesungs- und Übungsbesuche kennzeichnen, auf der extrahierten und rotierten Komponente 2 mit den Werten 0,900 und 0,899 im Vergleich zu den restlichen vier Merkmalen vergleichsweise „hoch geladen" sind.

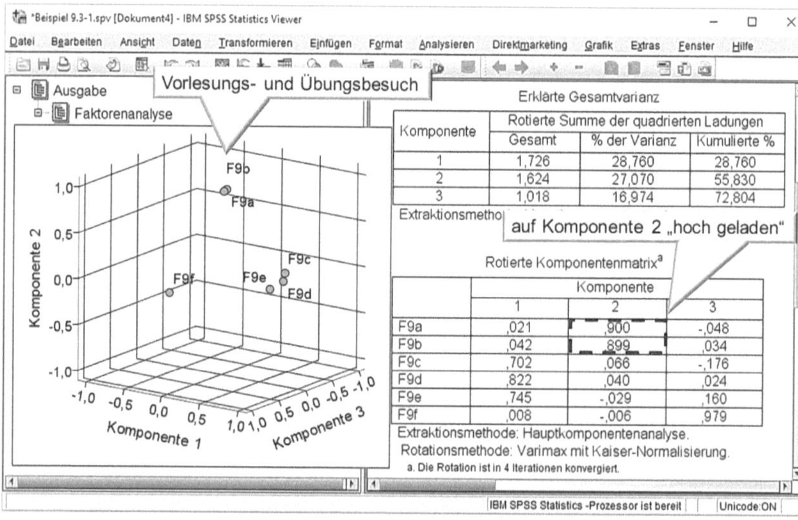


**Abb. 73: Komponentenrotation und Komponententaufe**

Einen solchen analytischen Befund von hohen Ladungen einerseits und niedrigen Ladungen andererseits auf einer extrahierten und rotierten Komponente subsumiert man unter dem Begriff einer Einfachstruktur. Bemerkenswert ist dabei, dass die sogenannten Komponentenladungen ihrem Wesen nach Maßkorrelationskoeffizienten sind und nur Werte zwischen -1 und +1 annehmen können. Da bei einer Bewertung einer Komponentenladung eine richtungsbezogene und vorzeichengetragene Bewertung irrelevant ist, betrachtet man nur die absoluten Ladungswerte in ihrem reellwertigen Erscheinungsbild von null bis eins und kennzeichnet eine Ladung als „hoch" bzw. „niedrig", wenn ein absolute Wert gleich oder größer als 0,5 bzw. kleiner als 0,5 ist.

Aufgrund dessen, dass analog zur Abbildung 73 auf der Komponente 1 lediglich die studentischen Aktivitäten „Bibliotheksbesuch, Selbststudium und Studiengruppenarbeit" hoch geladen sind, ist es sinnvoll, die Komponente 1 auf den Namen „Faktor 1: extracurricularer Studienaktivitätsfaktor" zu taufen und mit dem

Etikett „extracurricular" zu versehen, zumal diese studentischen Aktivitäten im wahren Sinn des Wortes „außerhalb eines akademischen Lehrplans" stehen. Wegen der augenscheinlichen Einfachstruktur der Komponentenladungen in bzw. auf der Komponente 2 in Gestalt der beiden „hoch geladenen" Studienaktivitäten von Vorlesungs- und Übungsbesuchen ist es angebracht, die Komponente 2 auf den Namen „Faktor 2: curriculares Studium" zu taufen und mit dem Etikett „curricular" zu versehen, zumal diese beiden studentischen Aktivitäten untrennbar mit einem akademischen Lehrplan verbunden sind. Letztendlich ist eine Taufe der Komponente 3 auf den Namen „Faktor 3: Nebenjobtätigkeit" und ihre Etikettierung mit „jobben" wegen eines eindeutigen Ladungsbefundes selbstredend.

Gemäß dem geflügelten lateinischen Wort *omne trium perfectum*, wonach aller guten Dinge drei sind, erfahren die numerischen Analysebefunde der rotierten (6 x 3)-Komponentenmatrix innerhalb der Abbildung 73 im dreidimensionalen Streudiagramm eine bildhafte und zugleich anschauliche Darstellung in Gestalt von drei wohl voneinander zu unterscheidenden Punktebündeln.

Da aller guten Dinge drei sind, ist auch ein dritter und finaler Analyseschritt erforderlich, um eine Faktorenanalyse als erfolgreich und abgeschlossen markieren zu können: die Bestimmung bzw. Berechnung von sogenannten Faktorwerten.

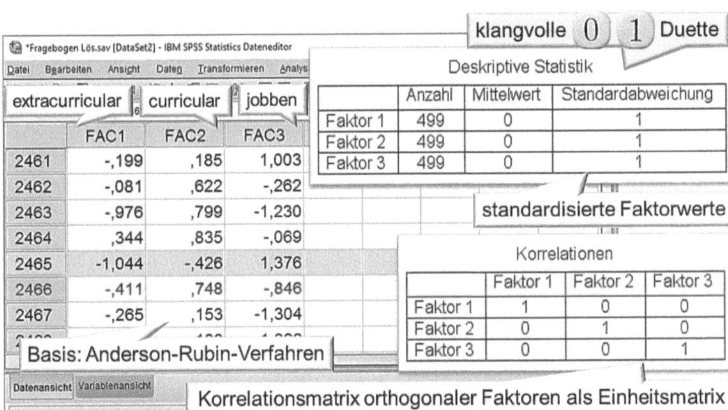


**Abb. 74: Faktorwerte als klangvolle 0-1-Duette**

In der Abbildung 74 sind auszugsweise die Faktorwerte für die drei etikettierten Faktoren aufgelistet. Im konkreten Fall wurde im Zuge einer Faktorwertberechnung jedem Befragten, der bezüglich seiner studentischen Aktivitäten valide und somit statistisch auswertbare Antworten gab, für jedem der drei extrahierten und etikettierten Faktoren jeweils ein Wert zugewiesen.

Die Faktorwerte wurden mit Hilfe des Statistik-Programm-Pakets *IBM SPSS Statistics* in Anwendung des sogenannten Anderson-Rubin-Verfahrens berechnet, das auf die beiden (zum Zeitpunkt der Erstellung des Essays sich in einem hohen Alter befindenden) US-amerikanischen Mathematiker und Statistiker Theodore Wilbur ANDERSON (*1918) und Herman RUBIN (*1926) zurückgeht. Das markante Charakteristikum des Anderson-Rubin-Verfahrens besteht darin, dass es zugleich standardisierte und unkorrelierte Faktorwerte erzeugt, die aufgrund dieser beiden markanten Eigenschaften wiederum zur Konstruktion anspruchsvoller statistischer Modelle herangezogen werden können.

Doch nicht nur das! Allein anhand des markierten Datenbefundes in der Editorzeile 2465 kann man bereits konstatieren, dass im Ensemble von 499 befragten Studierenden der Student mit der Kennung 2465 wegen -1,044 und -0,426 sowohl im extracurricularen als auch im curricularen Studium unterdurchschnittlich aktiv ist, jedoch hinsichtlich einer Nebenjobtätigkeit wegen eines Faktorwertes von 1,376 nicht nur überdurchschnittlich, sondern eingedenk der sogenannten Ein-Sigma-Regel wegen 1,376 > 1 sogar stark überdurchschnittlich aktiv ist.

Selbst wenn zum Kapitelabschluss die nachfolgenden Randglossen etwas theatralisch anmuten, so sind sie gerade deswegen ein beachtenswerter Hinweis auf ein besonderes und zugleich klangvolles 0-1-Duett, das einen unwillkürlich an „Die Zauberflöte" erinnert, in der zum Schluss Papageno mit seiner Papagena das anrührende Liebesduett „Welche Freude wird das sein, wenn die Götter uns bedenken, unsrer Liebe Kinder schenken, so liebe kleine Kinderlein ..." singen.[55] Wer hätte dies alles anrührender in Worte fassen können als der Volksschauspieler und Sänger Emanuel SCHIKANEDER (*1751, †1812), von der hinreißenden und grandiosen Vertonung dieser Oper durch seinen Freund, dem musikalischen Genie Wolfgang Amadeus MOZART (*1756, †1791), einmal ganz zu schweigen.

Und so wie Papageno und Papagena von den „vielen kleinen Kinderlein" erwartungsvoll träumen, die der „Eltern Segen werden sein", so begeistert schwärmt ein Statistikprofessor, wenn er angesichts der Abbildung 74 anhand von Faktorwerten anschaulich zeigen kann, dass sie ihrem Wesen nach nicht nur standardisierte und dimensionslose Werte sind, deren arithmetisches Mittel null und deren Standardabweichung eins ist, sondern auch noch die Korrelationsmatrix von drei voneinander unabhängigen Faktoren eine quadratische und symmetrische Einheitsmatrix der Ordnung m = 3 ist, in der allein schon sechsmal eine Null und dreimal eine Eins in Erscheinung treten. Von den drei mittelwertbezogenen Nullen und von den drei streuungsbezogenen Einsen einmal ganz zu schweigen.

---

[55] Vgl. Peters-Textbücher, W. A. Mozart, Die Zauberflöte, Eine deutsche Oper in zwei Aufzügen, KV 620, Text von Emanuel Schikaneder, Edition Peters Leipzig 1979, Seite 74

## 3.3 Numerische Terzette

Eine Assoziation von einem numerischen Terzett gewährt bereits die Abbildung 30, in der mittels der drei Würfelsymbole 0, 1 und e die Exponentialfunktion

$$y = f(x) = \exp(x) = e^x$$

und die zu ihr gehörende Umkehrfunktion

$$y = f(x) = log_e(x) = \ln(x)$$

in Gestalt der Logarithmusfunktion auf der Basis des natürlichen Logarithmus dargestellt wurden.

### Länge eines Eisenreifens

Ein gleichsam notierenswertes numerisches Terzett im Erscheinungsbild der Zahlen Null, Eins und Pi wird in Erinnerung an die eigene Kindheit mit der Abbildung 75 angeboten, in welcher der Vorgang des Vermessens eines Reifeneisens plakatiert wird, das auf ein Wagenrad aufgezogen werden soll.

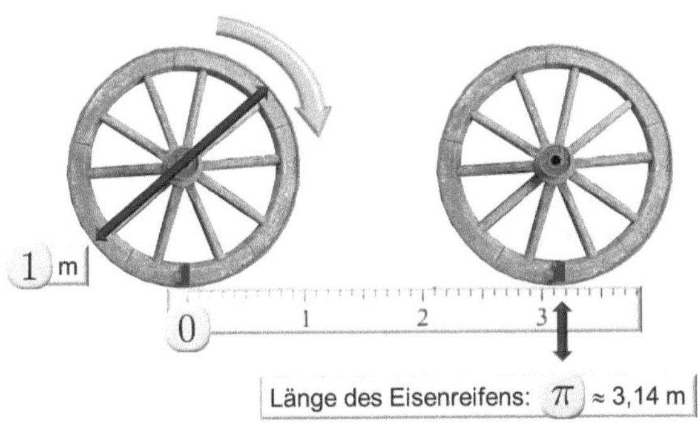


**Abb. 75: Länge eines Eisenreifens**

Traditionell wurde und wird ein hölzernes Wagenrad von einem Stellmacher gefertigt und von einem Schmied mit einem eigens dafür geschmiedeten Eisen- oder Stahlreifen versehen, ein arbeitsaufwändiger und schweißtreibender Vorgang, der neben praktischer Erfahrung und elementaren mathematischen Kenntnissen vor allem handwerkliches Geschick voraussetzte.

Unterstellt man analog zur Abbildung 75 der Einfachheit und Anschaulichkeit halber einmal, dass ein Stellmacher mit handwerklichem Geschick ein Wagenrad mit einem Durchmesser von einem Meter herstellte, dann benötigte ein Schmied zum Aufziehen eines Eisenreifens ein sogenanntes Flacheisen mit einer Länge von mindestens 3,14 Metern.[56]

## Trigonometrische Betrachtungen am Einheitskreis

Das praxisnahe Beispiel eines Reifenaufzugs auf ein Wagenrad gewährt im Hinblick auf die Abbildung 76 einen anschaulichen Zugang zu elementaren trigonometrischen Betrachtungen, die in Anlehnung an ihren griechischen Wortursprung als dreieckbezogene bzw. „auf drei Winkeln basierende" Berechnungen in einem Einheitskreis angesehen werden können.

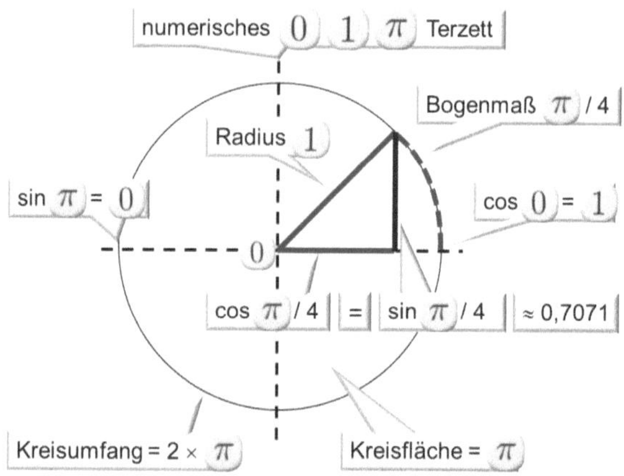


**Abb. 76: Trigonometrische Betrachtungen am Einheitskreis**

Die geometrische Figur eines Kreises mit einem Radius von der Länge eins wird als ein Einheitskreis bezeichnet.

[56] In der Onomatologie, die ihrem griechischen Wortursprung gemäß auch als Namensforschung oder Namenskunde bezeichnet wird, kann allein im deutschen Sprachraum eine Vielzahl von Nachnamen aus handwerklichen Berufen abgeleitet und semantisch erklärt werden. Während ein Stellmacher auch als Wagner, Wegener, Weiner oder Wehner bezeichnet wurde, ist das Spektrum von Nachnamen, die auf den Beruf eines Schmiedes hinweisen sehr breit. Das Namensspektrum reicht von Schmied über Schmidt, Goldschmidt, Silberschmied, Kupferschmied, Blechschmidt, Pflugschmied oder Messerschmidt bis zum Schmiedenamen Raiffeisen, der in Anlehnung an das Mittelhochdeutsche *reifen* in seiner Entsprechung für *biegen* einen Schmied benannte, dessen Hauptgeschäft im Fertigen von Fassbändern oder Radreifen bestand. Vgl. BAHLOW, Hans: Deutsches Namenslexikon, Herkunft und Bedeutung von 15000 Vor- und Nachnamen, Gondrom Verlag, Bindlach 2004, Seite 397 und 453

Deutet man in Anlehnung an die vorhergehenden Betrachtungen einen Einheitskreis als ein Wagenrad mit einer Speichenlänge von eins, dann hat man zugleich auch ein anschauliches Bild von einem Radius gefunden, der in seiner Übersetzung aus dem Lateinischen einen Stab oder eine Speiche symbolisiert, der bzw. die sich vom Kreismittelpunkt Null bis zum Kreisrand erstreckt und bei einem Einheitskreis definitionsgemäß den Wert Eins annimmt.

Bezeichnet D den Durchmesser und R den Radius oder Halbmesser eines Kreises, dann gilt für die Berechnung der Fläche F eines Kreises

$$F = \frac{\pi}{4} \cdot D^2 = \frac{\pi}{4} \cdot (2 \cdot R)^2 = \pi \cdot R^2,$$

wobei wegen R = 1 die Fläche eines Einheitskreises gleich der Kreiszahl Pi ist.

Ein analoges Bild ergibt die Berechnung des Umfanges U eines Kreises mit

$$U = \pi \cdot D = 2 \cdot \pi \cdot R,$$

der in logischer Konsequenz bei einem Einheitskreis wegen R = 1 mit

$$U = 2 \cdot \pi$$

bemessen ist und analog zur Abbildung 76 einen anschaulichen Zugang zum Begriff eines Bogenmaßes gewährt, das als grafisches Erscheinungsbild ein Kreisbogen und seinem Wesen nach ein Winkelmaß ist. Im konkreten Fall besitzt das Bogenmaß einen Radiant-Wert von „Pi-Viertel", der als Gradmaß wegen

$$Grad = \frac{Radiant}{\pi} \cdot 180^0 = \frac{\frac{\pi}{4}}{\pi} \cdot 180^0 = 45^0$$

einen sogenannten Mittelpunktwinkel von 45 Grad kennzeichnet, der der Radius von der Länge eins im Vergleich zur waagerechten Ausgangslinie „aufspannt". In einer umgekehrten Betrachtung entspricht wegen

$$Radiant = \frac{Grad}{180^0} \cdot \pi = \frac{45^0}{180^0} \cdot \pi = \frac{\pi}{4}$$

ein Mittelpunktwinkel von 45 Grad einem Bogenmaß mit einem Radiant-Wert von „Pi-Viertel".

Senkt man vom Ende des Bogenmaßes Pi-Viertel ein Lot auf die Ausgangslinie und ergänzt dieses durch ein rechtwinkliges Lot zum Kreismittelpunkt, dann erhält man ein rechtwinkliges Dreieck, mit dessen Hilfe man sich die folgenden aus dem Griechischen entlehnten trigonometrischen Termini anschaulich verdeutlichen kann: Während eine Kathete sinngemäß mit einem Lot oder Senkblei vergleichbar ist, bezeichnet man eine dem Mittelpunktwinkel gegenüberliegende Kathete als Gegenkathete und eine am Mittelpunktwinkel anliegende Kathete als Ankathete, die beide stets senkrecht oder rechtwinklig oder orthogonal „aufeinander stehen". Die in einem rechtwinkligen Dreieck dem rechten Winkel gegenüberliegende Seite kennzeichnet man als Hypotenuse, die analog zur Abbildung 76 in einem Einheitskreis mit dem Radius von der Länge eins identisch ist.

Mit Hilfe der erläuterten Termini und der Abbildung 76 ist es nunmehr auch möglich, allein einmal nur die beiden indizierten trigonometrischen Funktionen in Form einer Sinus- und einer Kosinusfunktion paradigmatisch zu erläutern. Der lateinische Begriff *sinus* kann mit dem bildhaften Gleichnis von einer „bauschigen Rundung oder Krümmung" assoziiert werden, ein Gleichnis, das sowohl durch die grafische Darstellung der Sinusfunktion y = sin(x) als auch der Kosinusfunktion y = cos(x) für alle x von Null bis zweimal Pi in der Abbildung 77 augenscheinlich wird und die ein „Lateinpauker" vermutlich mit einem *nomen est omen*, wonach der Name ein Zeichen ist, lakonisch kommentieren würde.

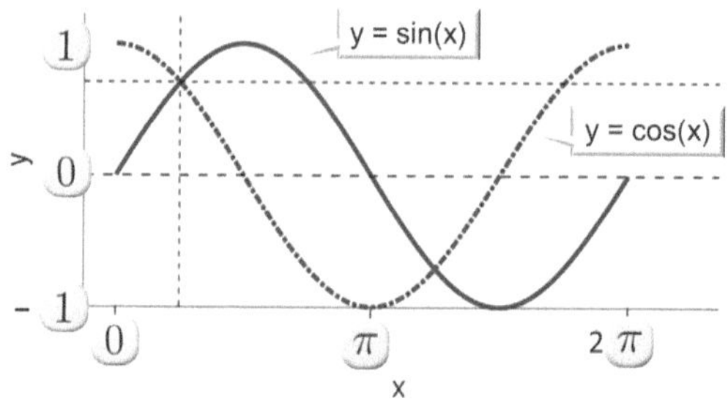


**Abb. 77: Sinus- und Kosinus-Funktion**

Mit Bezug auf den in der Abbildung 76 plakatierten Einheitskreis ist der Sinus des Mittelpunktwinkels als das Streckenverhältnis von Gegenkathete und Hypotenuse und der Kosinus als Streckenverhältnis von Ankathete und Hypotenuse definiert, wobei im konkreten Fall für einen Mittelpunktwinkel von „Pi-Viertel"

$$y = \sin(\pi/4) = \cos(\pi/4) \cong 0{,}7071$$

gilt. Der Funktionswert von 0,7071 markiert in der Abbildung 77 die Stelle, wo sich die beiden Graphen der Sinus- und Kosinusfunktion kreuzen. In der Abbildung 76 wird dieser Funktionswert durch eine gleiche Länge von Gegenkathete und Ankathete im rechtwinkligen Dreieck augenscheinlich. Um das indizierte Etikett vom numerischen 0-1-Pi-Terzett noch zu vervollständigen kann man sich gleichermaßen anhand der Abbildungen 75 und 76 bildhaft verdeutlichen, dass

$$y = \cos(0) = 1 \text{ und } y = \sin(\pi) = 0$$

gilt.

### Satz des Pythagoras und Euklidischer Abstand

Ein weiteres beachtenswertes numerisches 0-1-Pi-Terzett zur paradigmatischen Erläuterung zweier interessanter trigonometrischer Phänomene wird in Anlehnung an die Abbildung 76 in der Abbildung 78 angeboten: Zum einen wird der nach dem griechischen Mathematiker PYTHAGORAS von Samos (*ca. 580 v.Chr., †ca. 500 v.Chr.) benannte Satz des Pythagoras und zum anderen werden die daraus entlehnten und nach dem griechischen Mathematiker EUKLID von Alexandria (*ca. 365 v.Chr., †ca. 300 v.Chr.) benannten Abstandsmaße in Gestalt des quadratischen Euklidischen Abstands sowie des Euklidischen Abstands bildhaft und arithmetisch skizziert.

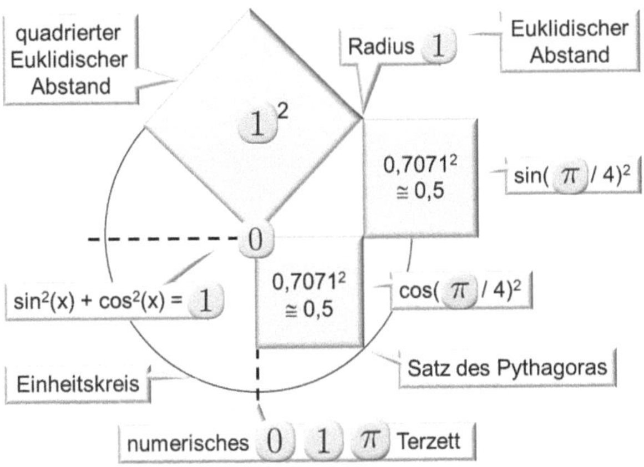


**Abb. 78: Satz des Pythagoras und Euklidischer Abstand**

Der Satz des Pythagoras, der als einer der fundamentalen Lehrsätze der Euklidischen Geometrie gilt, kann verbal wie folgt zusammengefasst werden: In einem rechtwinkligen Dreieck ist die Fläche des Quadrats über der Hypotenuse gleich der Summe der Flächen der Quadrate über den beiden Katheten.

Im Hinblick auf die Abbildung 78 gilt für die Hypotenuse in Gestalt des Einheitskreisradius und der beiden gleichlangen Katheten offensichtlich

$$1^2 = 0{,}7071^2 + 0{,}7071^2 \cong 0{,}5 + 0{,}5 = 1,$$

eine Beziehung, die als ein Spezialfall der allgemeingültigen Gleichung

$$sin^2(x) + cos^2(x) = 1$$

in Erscheinung tritt.

Während man im konkreten Fall das Quadrat über der Hypotenuse in Form des Radius als einen quadrierten Euklidischen Abstand von der Flächengröße eins kennzeichnet, kann der Radius des Einheitskreises von der Länge eins als der Euklidische Abstand vom Kreismittelpunkt mit den Koordinaten (0, 0) zum Kreispunkt mit den Koordinaten (0.7071, 0.7071) interpretiert werden.

Dass die Euklidische Geometrie durchaus auch erheiternde Seiten offenbart, sollen die nachfolgenden Betrachtungen belegen. Für diejenigen, die im Familien- oder Freundeskreis zu einem Jubiläum eingeladen und zugleich gebeten werden, einen kleinen individuellen Beitrag zur erheiternden Unterhaltung der geladenen Gäste zu leisten, kann das auf dem sogenannten und immer wieder beeindruckenden Pythagoreischen Tripel

$$3^2 + 4^2 = 5^2$$

beruhende Jubiläumsrätsel in der Abbildung 79 eine hilfreiche Inspiration sein.

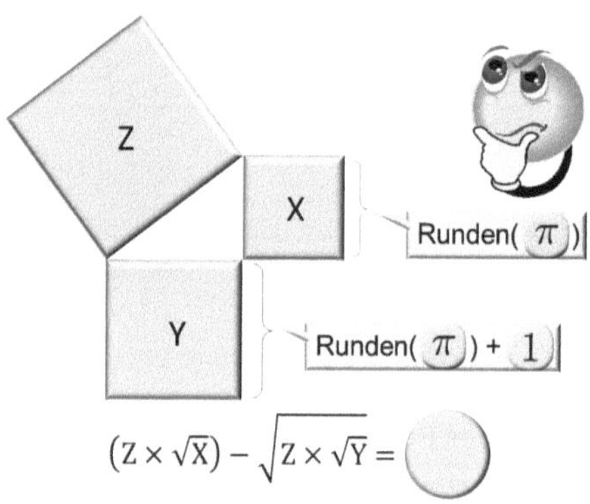


**Abb. 79: Jubiläumsrätsel**

Im gegebenen Fall kennzeichnet zum Beispiel das Symbol X die Fläche des Quadrats mit einer Seitenlänge von Runden(3,14159) = 3, die daher mit $3^2 = 9$ bemessen ist. Analog symbolisiert Y die Fläche von $4^2 = 16$ des Quadrats mit einer Seitenlänge von Runden(3,14159) + 1 = 4 und gemäß dem Lehrsatz des Pythagoras Z eine Quadratfläche von $5^2 = 25$. Schlussendlich ergibt sich eine wohl eher nicht zu erratende, dafür aber mit Gewissheit zu berechnende Jubiläumszahl von

$$25 \cdot \sqrt{9} - \sqrt{25 \cdot \sqrt{16}} = 75 - 10 = 65,$$

die selbst wiederum im Hinblick auf das eigene Pensionsalter keines weiteren Kommentars bedarf. Wenn es allerdings noch eines Kommentars oder Hinweises bedarf, dann bestenfalls den, dass das Rätsel für andere feierlich zu begehende Jubiläen jederzeit und beliebig modifiziert werden kann.

### Andrews-Plots als Basis clusteranalytischer Betrachtungen

Mit dem in der Abbildung 80 angebotenen numerischen 0-1-Pi-Terzett in Gestalt von sogenannten Andrews-Plots wird ein statistisches Analysekonzept auf die Bühne des Geschehens gezogen, das vor allem in der multivariaten Statistik im Allgemeinen und in der empirischen Wirtschafts- und Sozialforschung im Speziellen eine breite Anwendung erfährt: die sogenannte Clusteranalyse.[57]

Die Grundidee einer Clusteranalyse, die gemäß ihrem englischen Wortursprung auch als eine statistische Analyse von Gruppen, Klumpen oder Bündeln gedeutet werden kann, besteht darin, eine Menge von Objekten oder Merkmalsträgern, an denen jeweils eine wohldefinierte Menge von nominalen, ordinalen oder metrischen Merkmalen, die auch als Cluster- oder Gruppierungsmerkmale bezeichnet werden, statistisch erhoben wurden, so zu gruppieren, zu bündeln bzw. zu klassifizieren, dass die Objekte innerhalb einer Gruppe möglichst homogen bezüglich der Menge der Clustermerkmale und die Objekte unterschiedlicher Gruppen möglichst heterogen bezüglich der Menge der Clustermerkmale sind.

Die Idee, orthogonale trigonometrische Funktionen zur Identifikation von Clusterstrukturen auf der Basis von multivariaten metrischen Daten zu verwenden, geht auf den kanadischen Mathematiker David ANDREWS (*1943) zurück.

Die Andrews-Plots in der Abbildung 80 sind ihrem Wesen nach orthogonale trigonometrische Funktionen

$$y_i(t) = z_{1i} \cdot \frac{1}{\sqrt{2}} + z_{2i} \cdot \sin(t) + z_{3i} \cdot \cos(t),$$

die auf den standardisierten Merkmalswerten $z_i$ der drei metrischen Erhebungsmerkmale SemesterabschlussNOTE, DURCHfallerquote und EvaluationsPUNKTE

---

[57] Eine paradigmatische Einführung in eine Clusteranalyse findet man unter anderem bei: i) ECKSTEIN, Peter P.: Statistik für Wirtschaftswissenschaftler, Eine realdatenbasierte Einführung mit SPSS, 5., aktualisierte und erweiterte Auflage, Springer Gabler Wiesbaden 2016, Kapitel 12, Seite 427 ff und ii) ECKSTEIN, Peter P.: Angewandte Statistik mit SPSS, Praktische Einführung für Wirtschaftswissenschaftler, 8., überarbeitete und erweiterte Auflage, Springer Gabler Wiesbaden 2016, Kapitel 10, Seite 343 ff.

beruhen und in ihrer grafischen Darstellung für alle t im Bereich von minus Pi bis Pi zugleich einen anschaulichen Zugang zur Grundidee einer Clusteranalyse gewähren.

Der Anschaulichkeit halber sind in der Abbildung 80 neben den originären multivariaten Datenbefunden die Andrews-Plots als ein Bündel von insgesamt 14 orthogonalen trigonometrischen Funktionen bildhaft dargestellt. Betrachtet man einmal nur die beiden Grundstudienfächer Statistik und Steuern, so wird augenscheinlich, dass sie im Vergleich zu den restlichen Grundstudienfächern bezüglich der drei Erhebungsmerkmale zahlenmäßig ähnlich ausgeprägt sind und im clusteranalytischen Sinne einem Cluster zugeordnet bzw. zu einem Bündel „zusammengeschnürt“ werden können.

| | Fach | Note | Durch | Punkte |
|---|---|---|---|---|
| 1 | Allgemeine BWL | 2,31 | 8,4 | 2,78 |
| 2 | AWE | 2,09 | 11,1 | 4,03 |
| 3 | Finanzierung | 2,76 | 17,4 | 3,49 |
| 4 | Informatik | 2,10 | 8,7 | 3,95 |
| 5 | Marketing | 2,47 | 12,3 | 3,97 |
| 6 | Mathematik | 2,80 | 18,8 | 3,10 |
| 7 | Personal | 2,33 | 8,5 | 3,02 |
| 8 | Produktion | 2,41 | 13,6 | 3,72 |
| 9 | Wirtschaftsrecht | 2,60 | 11,5 | 3,84 |
| 10 | Rechnungswesen | 2,40 | 16,0 | 3,77 |
| 11 | Statistik | 2,97 | 27,9 | 3,85 |
| 12 | Steuern | 3,02 | 24,3 | 3,71 |
| 13 | Unternehmensführung | 2,73 | 17,6 | 3,84 |
| 14 | VWL | 2,54 | 12,0 | 3,71 |

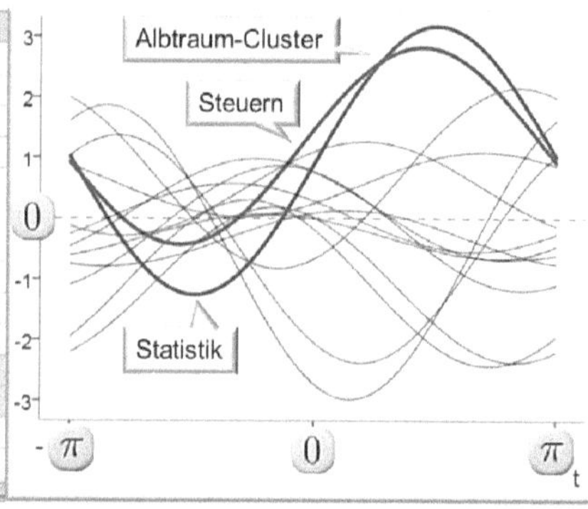


**Abb. 80: Andrews-Plots**

Dieser numerische Befund koinzidiert mit den beiden ähnlich verlaufenden Graphen der beiden orthogonalen trigonometrischen Funktionen, die nicht nur der Anschaulichkeit halber, sondern auch wegen ihres „gefürchteten Rufes“ im akademischen Alltag mit dem Etikett „Albtraum-Cluster“ versehen wurden.

Einen vergleichbaren, jedoch weitaus anschaulicheren Analysebefund als die Andrews-Plots gewähren die sogenannten Chernoff-Gesichter innerhalb der Abbildung 81.

Die Idee, Erhebungsmerkmale von Merkmalsträgern zum Identifizieren von Ähnlichkeiten auf Gesichtspartien zu projizieren, geht auf den US-amerikanischen Mathematiker und Statistiker Herman CHERNOFF (*1923) zurück. Die Chernoff-Gesichter in der Abbildung 81 wurden analog zur Abbildung 80 auf der Basis der für die 14 Grundstudienfächer erhobenen Daten mit Hilfe des Software-Paketes *Statistica* erstellt.

Je nachdem, wie stark bzw. schwach man Ähnlichkeiten in den Vordergrund einer Clusterbildung stellt, umso feiner bzw. gröber wird eine Aufteilung eines zu klassifizierenden Ensembles ausfallen. Eine ähnlichkeitsbezogene Aufteilung wird in der Clusteranalyse auch mit dem Begriff einer sogenannten Partitionierung gekennzeichnet.

Ist man zum Beispiel daran interessiert, die 14 Grundstudienfächer anhand der Chernoff-Gesichter in insgesamt fünf Cluster einzuordnen, dann würde man offensichtlich in ein erstes Cluster die Fächer A(llegmein)W(issenschaftliches)E(rgänzungsfach) und Informatik, in ein zweites Cluster die Fächer Statistik und Steuern, in ein drittes Cluster die Fächer A(llgemeine)B(etriebs)W(irtschafts)L(ehre) und Personal, in ein viertes Cluster die Fächer Finanzierung, Mathematik und Unternehmensführung und in ein fünftes Cluster die restlichen vier Fächer einordnen.

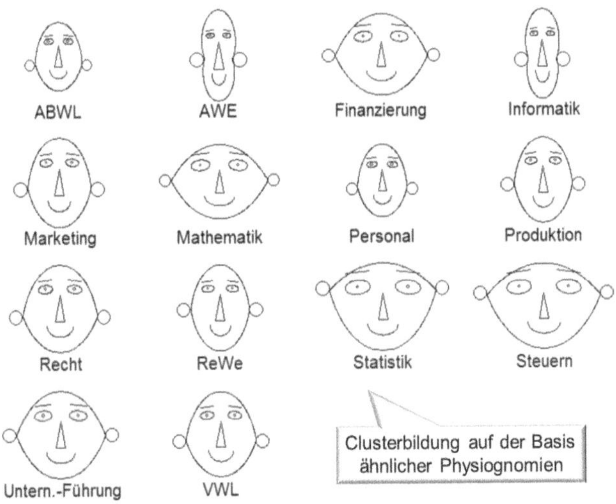


**Abb. 81: Chernoff-Gesichter**

Dass diese Fächerklassifikation eine rein subjektive ist, liegt dabei auf der Hand. Würde man zum Beispiel mehrere Probanden bitten, voneinander unabhängig eine subjektive Fächerklassifikation anhand der Chernoff-Gesichter zu bewerkstelligen, würde man vermutlich nur in wenigen Fällen zu gleichen Klassifikationsergebnissen gelangen. Dies ist ein Grund dafür, warum in modernen und leistungsfähigen Statistik-Programm-Paketen eine Vielfalt von clusteranalytischen

Verfahren und Methoden bereitgestellt wird, die zumindest garantieren, dass voneinander unabhängig arbeitende Analytiker bei gleichen Daten und gleichen Verfahren zu gleichen Ergebnissen gelangen.

Ein solches Analyseverfahren ist zum Beispiel das sogenannte Ward-Verfahren, das auf den US-amerikanischen Statistiker Joe WARD (*1926, †2011) zurückgeht und für metrische Clustermerkmale eine Merkmalsträgerklassifikation auf der Basis des quadrierten Euklidischen Abstands ermöglicht. Das Ward-Verfahren erweist sich allerdings dann und nur dann als zielführend, solange die Anzahl der zu klassifizierenden Merkmalsträger nicht allzu groß ist.

Nun wird man neben „kleineren" in praxi auch und vor allem mit „größeren oder umfangreicheren" statistischen Populationen konfrontiert, die es hinsichtlich einer größeren Anzahl von Erhebungsmerkmalen mittels einer Clusteranalyse zu klassifizieren gilt.

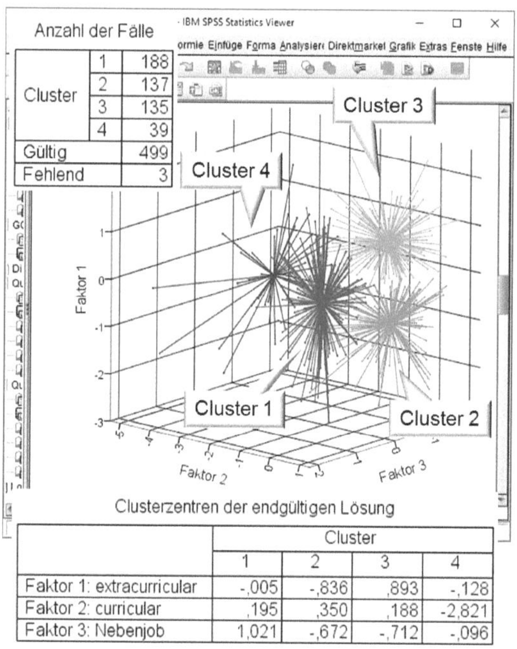


**Abb. 82: Clusterzentrenanalyse**

Ein anschauliches Beispiel dafür gewähren die ausgangs des Kapitels 3.2 angebotenen faktoranalytischen Betrachtungen, in deren Kontext analog zur Abbildung 71 auf der Basis eines standardisierten Fragebogens insgesamt 503 Studierende unter anderem nach der Intensität von sechs Studienaktivitäten befragt wurden, die wiederum aufgrund korrelativer Beziehungen auf drei Studienaktivitätsfaktoren reduziert wurden.

In der Abbildung 82 wird der Anschaulichkeit halber eine Klassifikation von insgesamt 499 befragten Studierenden, die auswertbare Antworten gaben und für die analog zur Abbildung 74 standardisierte und unkorrelierte Faktorwerte bestimmt werden konnten, auf der Basis von vier Studierendenclustern angeboten. Die Klassifikation wurde mit Hilfe des Statistik-Programm-Pakets *IBM SPSS Statistics* in Anwendung einer sogenannten Clusterzentrenanalyse bewerkstelligt.

Der tabellarisch und grafisch indizierte statistische Analysebefund in der Abbildung 82 offenbart ein eher ernüchterndes Bild vom akademischen Studienalltag. Gleichwohl die 135 dem Cluster 3 zugeordneten Studierenden vor allem in ihren extracurricularen und curricularen Studienaktivitäten als überdurchschnittlich aktiv charakterisiert werden können, machen sie wegen

$$\frac{135}{499} \cong 0{,}271$$

nicht einmal ein Drittel aller Studierenden aus, die in Anlehnung an das Lateinische *studiosis* als „eifrig und wissbegierig" gewürdigt werden können.

Während man wohlwollend die Cluster 1 und 3 als „sonnige Seiten" des akademischen Alltags deuten kann, deckt der Analysebefund im Hinblick auf das Cluster 4 eine seiner Schattenseiten auf. Aufgrund eines „extrem unterdurchschnittlichen" curricularen Clusterzentrenwertes von -2,82 bevorzugen es wegen

$$\frac{39}{499} \approx 0{,}08$$

immerhin acht von hundert Studierenden, eher einen Bogen um Hörsäle und Seminarräume zu machen und Lehrveranstaltungen als „Leerveranstaltungen" zu deuten. Ob dafür klaustrophobische Gründe im Sinne einer Furcht vor geschlossenen und stark frequentierten Räumen oder schwer verdauliche Studieninhalte verantwortlich gemacht werden können, bleibt eine bloße Vermutung.

**Inverse Funktion als ein faszinierendes 0-1-e-Terzett**

Eine kritische und nüchterne Betrachtung der Abbildung 83 scheint wohl eher die letztere Vermutung „von schwer verdaulichen Studieninhalten" zu bekräftigen, gleichwohl das plakatierte numerische 0-1-e-Terzett schlechthin „einmalig" ist zur bildhaften und analytischen Darstellung wichtiger und grundlegender mathematischer Sachverhalte.

Die gebrochenrationale Funktion

$$y = f(x) = \frac{1}{x} = x^{-1},$$

die auch mit den Etiketten einer inversen Funktion oder einer Hyperbelfunktion versehen wird, kommt für alle x > 0 zum Beispiel im Kontext ökonomischer Betrachtungen zur Anwendung, wenn es um eine mathematische Beschreibung von Verfallsprozessen geht.

Aus funktionalanalytischer Sicht ist wegen

$$y = \ln(x) \text{ und } \frac{dy}{dx} = \frac{1}{x}$$

die erste Ableitung der natürlichen Logarithmusfunktion y = ln(x) identisch mit der Funktion $y = x^{-1}$.

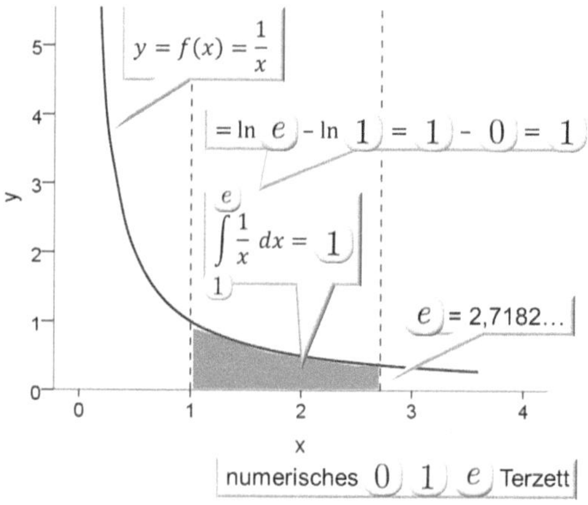


**Abb. 83: Inverse Funktion**

Deutet man die erste Ableitung der Logarithmusfunktion bildhaft als den Anstieg einer an die Logarithmusfunktion an eine Stelle x > 0 angelegten Tangente, dann ist zum Beispiel an der Stelle x = 1 der Anstieg der Tangente gleich eins und im Vergleich dazu etwa an der Stelle x = e eben „nur noch"

$$\frac{dy}{dx}(x = e) = \frac{1}{e} \cong 0{,}368.$$

Die sogenannte marginale Neigung der natürlichen Logarithmusfunktion an den beiden Stellen x = 1 und x = e kann man sich zum Beispiel auch anhand der bereits im Kapitel 2.3 angebotenen Abbildung 31 verdeutlichen.

Wenn die erste Ableitung der natürlichen Logarithmusfunktion y = ln(x) die Funktion y = 1 / x ist, dann ist im Sinne der Infinitesimalrechnung in einer umgekehrten Betrachtung zum einen wegen

$$\int \frac{1}{x} dx = ln|x|$$

das unbestimmte Integral über der Funktion $y = x^{-1}$ identisch mit der natürlichen Logarithmusfunktion und zum anderen wegen

$$\int_{1}^{e} \frac{1}{x} dx = \ln(e) - \ln(1) = 1 - 0 = 1$$

das bestimmte Interegal über der Funktion in den Grenzen von 1 bis e identisch mit der Fläche unterhalb des nichtlinear fallenden Graphen der Funktion $y = x^{-1}$ und oberhalb der Abszisse x im Bereich von 1 bis e, die ihrem Wert nach zudem auch noch gleich eins ist. Ein wirklich faszinierendes 0-1-e-Terzett.

## Zeitreihenanalytische Betrachtungen und gedämpfte Oszillation

Gleichwohl das der Frankfurter Allgemeinen Zeitung vom 12. Juni 2009 entnommene und spektakulär anmutende Chart in der Abbildung 84 im Hinblick auf seine Informationen als „veraltet" gilt, gewährt es in seiner wörtlichen Übertragung aus dem Englischen als ein „Schaubild" einen anschaulichen Zugang zu einem fundamentalen und praxisrelevanten mathematisch-statistischen Analysekonzept: der sogenannten Zeitreihenanalyse.

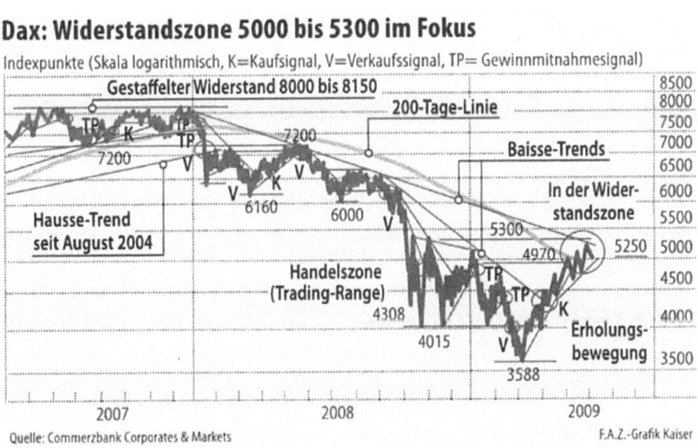


**Abb. 84: Chart einer technischen DAX-Analyse**

In der Zeitreihenanalyse[58] subsumiert man eine zeitlich geordnete Folge von zahlenmäßig erfassten Ausprägungen eines realen Sachverhalts unter dem Begriff einer Zeitreihe. Als ein klassisches und anschauliches Beispiel für eine Zeitreihe können analog zur Abbildung 84 die an der Frankfurter Börse börsentäglich erfassten Schlusskurse des Deutschen Aktienindexes DAX angesehen werden.

Im technischen Wertpapiermanagement stehen neben börsentäglichen Schlusskursen vor allem auch die daraus entlehnten börsentäglichen Renditen im Zentrum zeitreihenanalytischer Betrachtungen. Der Anschaulichkeit halber sind in der Abbildung 85 die auf insgesamt 246 börsentäglichen Schlusskursen beruhenden börsentäglichen Renditen der im Wirtschaftsjahr 2014 an der Frankfurter Börse notierten und im Deutschen Aktienindex DAX gelisteten Stammaktie der Daimler Aktiengesellschaft in Gestalt eines sogenannten Sequenzdiagramms bildhaft dargestellt.[59]

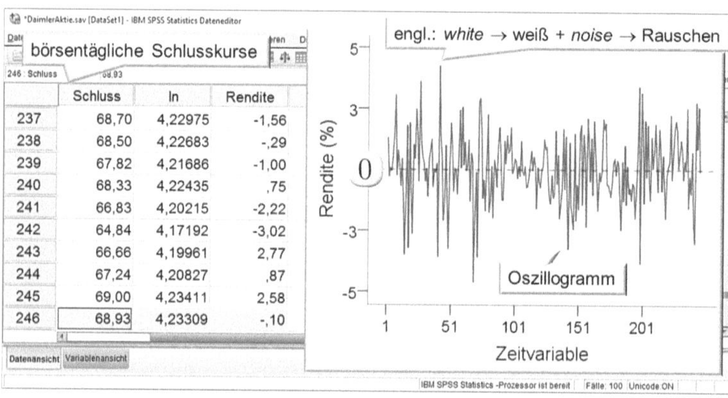


**Abb. 85: Sequenzdiagramm börsentäglicher Renditen**

58 Eine Einführung in die Zeitreihenanalyse auf der Basis von deskriptiven und stochastischen Zeitreihenmodellen findet man unter anderem bei: i) ECKSTEIN, Peter P.: Statistik für Wirtschaftswissenschaftler, Eine realdatenbasierte Einführung mit SPSS, 5., aktualisierte und erweiterte Auflage, Springer Gabler Wiesbaden 2016, Kapitel 10, Seite 365 ff und ii) ECKSTEIN, Peter P.: Angewandte Statistik mit SPSS, Praktische Einführung für Wirtschaftswissenschaftler, 8., überarbeitete und erweiterte Auflage, Springer Gabler Wiesbaden 2016, Kapitel 7, Seite 241 ff.

59 Anschauliche und kommentierte zeitreihenanalytische Betrachtungen im Kontext einer technischen Wertpapieranalyse findet man unter anderem bei ECKSTEIN, Peter P.: Eine Banknote als Ausgangspunkt historischer und datenanalytischer Betrachtungen, in: SCHMEISSER, Wilhelm und andere: Handbuch Wertorientiertes Finanzmanagement, UVK Verlagsgesellschaft, Konstanz und München 2015, Seite 49 ff.

Beachtenswert ist dabei, dass in der technischen Wertpapieranalyse eine Wertpapierentwicklung als ein zeitstetiger Prozess aufgefasst wird. Zur Verdeutlichung des sogenannten zeitstetigen Analysekonzeptes sollen die originären und im SPSS Dateneditor innerhalb der Abbildung 85 auszugsweise aufgelisteten Schlusskurse $y_t$ der Daimler-Aktie dienen. Das Subskriptum t ist dem Lateinischen *tempus* entlehnt und kennzeichnet einen zu einem Zeitpunkt t erfassten Schlusskurs $y_t$.

Demnach ist der Schlusskurs in seiner zeitdiskreten Betrachtung am 19. Dezember 2014 (t = 246) im Vergleich zum Vortag (t = 245) absolut um

$$\Delta y_{246} = y_{246} - y_{245} = 68{,}93 - 69{,}00 = -0{,}07 \text{ Punkte}$$

und wegen

$$r_{246}^{*} = \frac{\Delta y_{246}}{y_{245}} \cdot 100\,\% = -\frac{0{,}07}{69{,}00} \cdot 100\% \cong -0{,}101\,\%$$

relativ und prozentual um 0,10 % gefallen.

Gemäß der stetigen Zinsformel

$$y_t = y_{t-1} \cdot e^{r_t} = y_{t-1} \cdot \exp(r_t)$$

berechnet sich die stetige Wachstumsrate $r_t$, die in der technischen Wertpapieranalyse auch als stetige Rendite bezeichnet wird, wie folgt: Bezeichnet $\exp(r_t)$ den Exponenten der stetigen Wachstumsrate $r_t$ zur Basis e = 2,71828…, so gilt wegen

$$\exp(r_t) = \frac{y_t}{y_{t-1}}$$

für die stetige Wachstumsrate bzw. Rendite

$$r_t = ln\left(\frac{y_t}{y_{t-1}}\right) = ln(y_t) - ln(y_{t-1}).$$

Man überzeugt sich leicht von der Tatsache, dass die zeitstetige Betrachtung der benachbarten Schlusskurswerte $y_{246}$ = 68,93 Punkte und $y_{245}$ = 69,00 Punkte in Gestalt der mit dem Faktor 100 % gewichteten Differenz aus den natürlichen Logarithmen wegen

$$r_{246} = (ln(68{,}93) - ln(69{,}00)) \cdot 100\,\% \cong -0{,}102\,\%.$$

zu einem Ergebnis führt, das wegen des sogenannten zeitstetigen Ansatzes nur geringfügig und praktisch vernachlässigbar von der sogenannten zeitdiskreten prozentualen börsentäglichen Wachstumsrate $r_{246}$* = –0,101 % abweicht.

Beachtenswert ist es in diesem Zusammenhang, dass man mit dem praktizierten Analysekonzept eines sogenannten Differenzenfilters erster Ordnung aus den logarithmierten Schlusskurswerten nichts anderes bewerkstelligt hat, als die Elimination eines linearen Trends aus den logarithmierten Schlusskursen bzw. eines exponentiellen Trends aus den börsentäglich in Punkten erfassten originären Schlusskurswerten. Hinzu kommt noch, dass analog zum Sequenzdiagramm innerhalb der Abbildung 85 die volatile, um den Wert Null schwankende schwach stationäre Trajektorie der börsentäglichen prozentualen Renditen der Daimler-Aktie den Aufzeichnungen eines Oszillographen ähnelt, der gemäß seinen griechischen Wortursprung nach ein „Schwingungen aufzeichnendes Instrument" ist, woraus sich wiederum die in der Zeitreihenanalyse gern benutzte und dem Englischen *white noise* entlehnte mit der Metapher vom „weißen Rauschen" semantisch erklären lässt.

In der stochastischen Zeitreihenmodellierung ist der White-Noise-Begriff untrennbar mit dem Begriff eines stationären stochastischen Prozesses verbunden, der (vereinfacht formuliert) ein reiner Zufallsprozess ist, der in seiner zeitlichen Betrachtung erwartungsgemäß und im Mittel um einen gleichen Wert zufallsbedingt schwankt und bei dem zwischen den Werten einer Zeitreihe sowohl in „unmittelbarer als auch in ferner Nachbarschaft" keinerlei Beziehung bzw. Wechselwirkung besteht. Umgangssprachlich würde man dieses Phänomen wie folgt beschreiben: Was gestern war, ist für heute irrelevant. Was morgen geschehen wird, hat mit dem Heutigen und Gestrigen nichts zu tun.

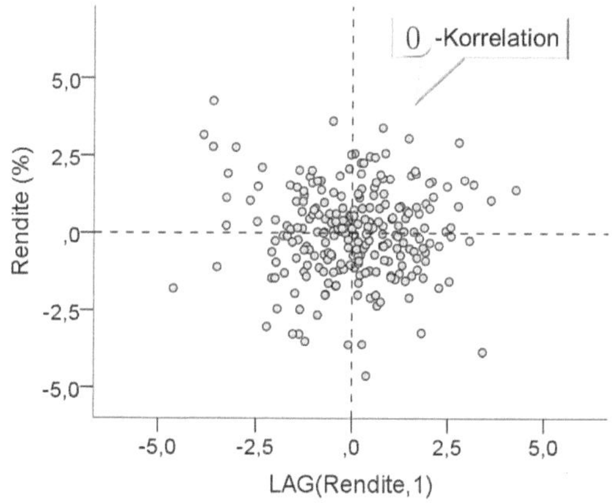


**Abb. 86: Null-Korrelation**

Allein das Streudiagramm in der Abbildung 86 vermag mehr zu überzeugen, als „tausend wohlgesetzte Worte“ oder rechenaufwändige autokorrelationsanalytische Betrachtungen. Für das Wirtschaftsjahr 2014 kann für alle Börsentage der Ordnung t = 2, 3,…, 246 zwischen den börsentäglichen Renditen $y_t$ der Daimler-Aktie und den vortäglichen Renditen $y_{t-1}$ kein statistischer Zusammenhang gemessen werden. Die im Streudiagramm mit dem Etikett „Null-Korrelation“ versehene kreisförmige Punktewolke untermauert den Autokorrelationsbefund bildhaft und anschaulich zugleich.

Da die „zeitstetigen“ börsentäglichen Renditen als „zeitverschobene“ Differenzen aus den Logarithmen der originären und börsentäglich gelisteten Schlusskurse berechnet wurden, kann man in einer rekursiven Betrachtung die kumulierten, also die schrittweise addierten Renditen als einen *random walk* deuten, der gemäß seinem englischen Wortursprung als ein „Irrweg“ bezeichnet werden kann. Im Sequenzdiagramm innerhalb der Abbildung 87 ist auszugsweise der sogenannte Random Walk der börsentäglichen Renditen der Daimler-Aktie als eine Trajektorie dargestellt, die gemäß ihrem lateinischen Wortursprung ein „zeitpunktverbindender Linienzug“ ist.

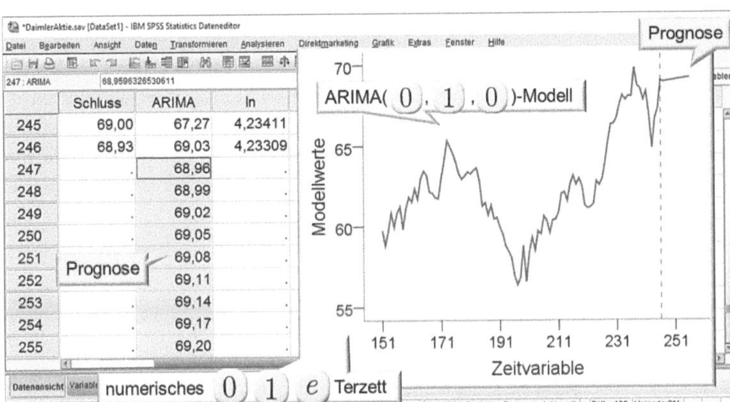


**Abb. 87: Random Walk als ARIMA-Modell**

Beachtenswert dabei ist, dass sowohl die Irrweg-Trajektorie als auch die originäre Schlusskurs-Trajektorie durch einen gleichen zeitlichen Verlauf gekennzeichnet sind, der über den Beobachtungszeitraum

$$T_B = \{t | t = 1,2, \ldots ,246\}$$

hinweg nicht nur ein volatiles „Auf und Ab“, sondern zugleich auch noch einen Trend in Gestalt einer „ansteigenden Entwicklungsrichtung“ indiziert. Diese rein deskriptive Prozessdiagnose koinzidiert mit der mathematisch anspruchsvollen und rechenaufwändigen Box-Jenkins-Diagnostik, die auf die beiden englischen Statistiker Georg BOX (*1919, †2013) und Gwilym JENKINS (*1932, †1982) zurückgeht und schlussendlich in der Identifikation, Spezifikation und Konstruktion eines sogenannten ARIMA(p, d, q)-Modells mündet. Die Abbreviatur ARIMA im Sinne einer „aussprechbaren Abkürzung" basiert auf dem englischen Terminus *Autoregressive Integrated Moving Averages* und kennzeichnet eine breite Palette von Modellen zur Nachbildung autoregressiver und schockwirkungsbasierter stochastischer Prozesse.

Das indizierte ARIMA(0, 1, 0)-Modell ist hinsichtlich seiner Parameter wie folgt zu deuten: In Anwendung des Box-Jenkins-Verfahrens diagnostiziert man für die n = 246 gelisteten börsentäglichen Schlusskurse der Daimler-Aktie wegen p = 0 keinen signifikanten bzw. bedeutungsvollen autoregressiven Modellparameter, wegen des Differenzenfilters der Ordnung d = 1 einen Integrationsgrad d erster Ordnung und wegen q = 0 keinen signifikanten Schocktermparameter.

Nun ist eine Konstruktion von Zeitreihenmodellen kein Selbstzweck, sondern „ein Mittel zum Zweck", das neben einem Erheischen von analytischen Erkenntnissen stets auch auf eine kurzfristige statistische Vorausberechnung oder Prognose des zugrundeliegenden Sachverhaltes abstellt.

In der Abbildung 87 ist der Anschaulichkeit halber einmal nur die Trajektorie der börsentäglich erfassten Schlusskurse $y_t$ für alle t = 151,…,246 sowie die mit Hilfe des ARIMA(0, 1, 0)-Modells für insgesamt zehn Börsentage prognostizierten Schlusskurse bildhaft dargestellt. Die senkrecht und parallel zur Ordinate verlaufende gestrichelte Trennlinie markiert den Übergang vom Beobachtungszeitraum

$$T_B = \{t | t = 1,2, \dots, n\}$$

von der Länge n = 246 Börsentage zum Prognosezeitraum

$$T_P = \{t | t = n + 1, n + 2, \dots, n + h\}$$

von der Länge h = 10 Börsentage.

Die Kernbotschaft des Sequenzdiagramms innerhalb der Abbildung 87 ist allerdings ernüchternd: Die kurzfristige Prognose der börsentäglichen Schlusskurse der Daimler-Aktie mittels eines ARIMA(0, 1, 0)-Modells ist in ihrer bildhaften Darstellung nicht anders als die „bloße" Fortschreibung eines steigenden linearen Trends, den man sich analog zur Abbildung 88 sowohl grafisch als auch analytisch wesentlich einfacher wie folgt verdeutlichen kann:

Gemäß dem geometrischen Lehrsatz, wonach „eine Gerade die kürzeste Verbindung zwischen zwei Punkten ist", braucht man nur mit Hilfe eines Lineals die Trajektorie der börsentäglichen Schlusskurse $y_t$ durch eine Gerade zu ergänzen, die den Anfangspunkt und den Endpunkt mit den Zeitvariablen-Schlusskurs-Koordinaten

$$(t = 1, y_t = 61{,}67) \text{ und } (t = 246, y_t = 68{,}93)$$

schneidet. In Anlehnung an die sogenannte Zwei-Punkte-Geradengleichung bestimmt man dic zugchörige lineare Trendfunktion

$$y_t^{**} = f(t) = 61{,}67 + \frac{(68{,}93 - 61{,}67)}{(246 - 1)} \cdot t,$$

deren Graph in der Abbildung 88 für den Relevanzzeitraum $T_R = T_B \cup T_P$ von der Länge n + h = 246 + 10 = 256 Börsentage skizziert ist und mit deren Hilfe man zum Beispiel für den Börsentag der Ordnung t = 256 wegen

$$y_{256}^{**} = f(256) = 61{,}67 + \frac{(68{,}93 - 61{,}67)}{(246 - 1)} \cdot 256 \cong 69{,}26$$

einen Schlusskurs in Höhe von 69,26 Punkten prognostiziert.

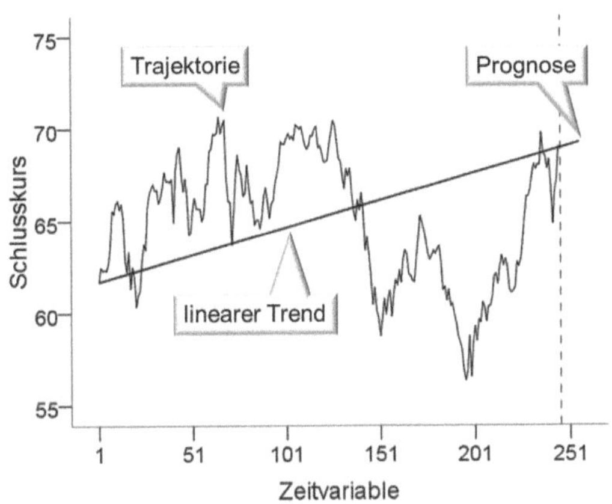


**Abb. 88: Prognose mit Lineal**

Die paradigmatisch skizzierten zeitreihenanalytischen Betrachtungen kulminieren in einer ernüchternden Quintessenz: Weder akribisch gestaltete Charts noch theoretisch anspruchsvolle statistische Analyse- und Modellierungsverfahren sind ein wirkungsvolles und vertrauenswürdiges Instrument für kurzfristige und schon gar nicht für mittel- oder langfristige Prognosen von Wertpapierentwicklungen. Was über eine sogenannte Hausse und/oder eine Baisse hinaus bleibt, die ihrem französischen Wortursprung gemäß eine Phase nachhaltig ansteigender bzw. fallender

Wertpapierkurse etikettieren, ist letzten Endes und in der Regel nur das „weiße Rauschen“ eines zufallsbedingten Oszillogramms.

Gleich, welches Fazit man in diesem Zusammenhang auch bevorzugt und verbal verlauten lässt, sei es das professorale und theoretisch begründete Fazit „Alles nur Zufall“, die volkstümliche Redensart „Außer Spesen nichts gewesen“ oder in Anlehnung an die Komödie des englischen Dramatikers William SHAKESPEARE (*1564, †1616) das allbekannte „Viel Lärm um nichts“, sie sind allesamt ein Ausdruck einer resignierenden Ernüchterung.

Die sarkastische und spöttische Empfehlung, die der Karikaturist Berndt SKOTT in seiner kontextbezogenen und in der Berliner Zeitung vom 4. März 2009 erschienenen Karikatur innerhalb der Abbildung 89 anbietet, ist nicht nur belustigend, sie trägt auch das gewisse „Körnchen Wahrheit“ in sich: Zur Erstellung einer Wertpapierprognose kann man auch eine närrische, Karten legende und Glaskugel lesende Wahrsagerin mit ihrem schwarzen Kater konsultieren und auf ihre Hokuspokus-Empfehlungen hin letztlich und sprichwörtlich „alles auf saure Gurken“ setzen. Oder, warum nicht einfach nur den bisher vielgepriesenen Spielwürfel mehrmals werfen und anhand der angezeigten Zahlen einfach ein Schlusskurs-Prognose-Modell „basteln“.

**Abb. 89: Hokuspokus-Prognose ohne Lineal**

Gleichgültig, ob man die bisher dargebotenen numerischen Konzerte etwa in Anlehnung an die Hexenküchenszene in Goethes Faust als einen „Wust von Zahlenraserei“ abtut oder sie euphorisch als einen „faszinierenden Zahlenzauber“ verherrlicht, die Abbildung 90 offenbart eine weitere und im Hinblick auf das anstehende Kapitelende eine sehr empfehlenswerte Option: Mit Hilfe eines letzten numerischen und zugleich anschaulichen 0-1-e-Terzetts alle bisherige Zahleneuphorie nicht nur langsam und hörbar ausklingen, sondern zugleich auch noch langsam und sichtbar ausschwingen lassen.

Was allerdings schön klingt und sehr anschaulich wirkt, ist mathematisch alles andere als trivial. Die in der Abbildung 90 abgebildete trigonometrische Funktion

$$y(t) = \left(\cos(t) + 0{,}1 \cdot sin(t)\right) \cdot e^{-0{,}1 \cdot t},$$

deren Graph für alle t = 0 bis t = 50 als eine sogenannte gedämpfte Oszillation im Sinne eines langsam ausschwingenden Prozesses bildhaft erscheint, ist die Lösung einer sogenannten gewöhnlichen Differentialgleichung.

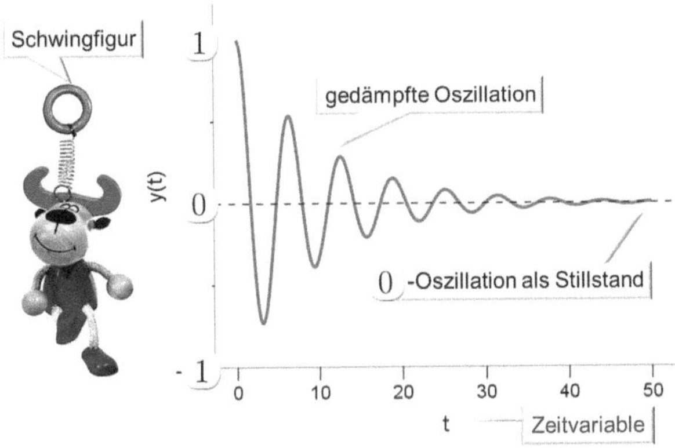


**Abb. 90: Gedämpfte Oszillation**

Vereinfacht ausgedrückt kennzeichnet man eine mathematische Gleichung, in der eine Funktion und mindestens eine ihrer Ableitungen vorkommen, als eine sogenannte Differentialgleichung.

Aufgrund dessen, dass in der trigonometrischen Funktion

$$y(t) = \left(\cos(t) + 0{,}1 \cdot sin(t)\right) \cdot e^{-0{,}1 \cdot t},$$

nur eine Variable in Form der Zeitvariablen t vorkommt, die mit der Sinus- und der Kosinusfunktion sowie der ersten Ableitung der e-Funktion verknüpft ist, kennzeichnet man sie als eine gewöhnliche Differentialgleichung. Der Graph der gewöhnlichen Differentialgleichung ist eine bildhafte Darstellung einer sogenannten gedämpften Oszillation, deren Niveaustufe null Stillstand bedeutet.

## 3.4 Numerische Quartette

### Die exakten Geheimnisse einer Normalverteilung

Das ist nicht normal! Erst jetzt darf eines der beeindruckendsten mathematischen Konstrukte auf der Bühne konzertanten Geschehens erscheinen und dann auch noch gemeinsam mit einer Banknote, die seit 2002 als allgemein anerkanntes Äquivalent des Warenaustausches nicht mehr im Umlauf ist: Es ist das Modell einer Normalverteilung, das erstmals vom französischen Mathematiker Abraham DE MOIVRE (*1667, †1754) formuliert wurde und erst nahezu einhundert Jahre später vom bereits mehrmals würdigend erwähnten genialen deutschen Mathematiker Carl Friedrich GAUß (*1777, †1855) als Verteilungsgesetz für Beobachtungsfehler im Rahmen der Vermessung des Königreichs Hannover in den Jahren 1820 bis 1844 identifiziert und angewandt wurde.

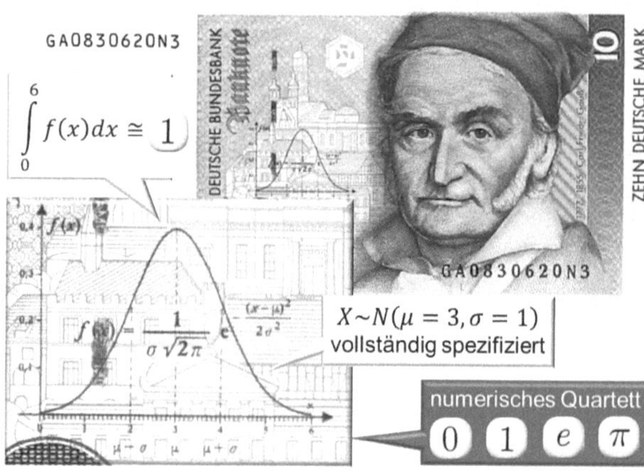


Abb. 91: Modell einer Normalverteilung

Die augenscheinliche Kernbotschaft der Abbildung 91 wird einerseits durch eine Banknote mit dem verbalen Geldwert-Etikett „Zehn Deutsche Mark" in seiner numerischen Kennzeichnung „10" mittels der beiden arabischen Ziffern 1 und 0 und andererseits durch ein Bildnis von Carl Friedrich GAUß vermittelt, das in einer seitenverkehrten Darstellung auf einem Gemälde des dänischen Malers Christian Albrecht JENSEN (*1792, †1870) aus dem Jahr 1840 beruht.

Was man allerdings keinesfalls übersehen darf, aber durchaus leicht übersehen kann, ist die faszinierende mathematische Funktion

$$f(x) = \frac{1}{\sigma \cdot \sqrt{2 \cdot \pi}} \cdot e^{-\frac{(x-\mu)^2}{2 \cdot \sigma^2}} \text{ mit } x, \mu \in \mathbb{R} \text{ und } \sigma > 0,$$

deren grafisches Erscheinungsbild ein glockenförmiges Gebilde ist, das zu GAUß Ehren auch als Gaußsche Normalverteilung oder Gaußsche Glockenkurve bezeichnet wird. Während in der für alle reellwertigen x definierten stetigen nichtnegativen Funktion f(x) die beiden irrationalen und transzendenten Konstanten e und π mit den „tragenden Säulen eines Glockengestühls" assoziiert werden können, fungieren die beiden reellwertigen Größen μ (lies: *Klein-My*) und σ > 0 (lies: *Klein-Sigma*) als die charakteristischen Parameter einer „numerischen Glocke".

Im grafischen Erscheinungsbild einer Glockenkurve können im Hinblick auf die Abbildung 92 die beiden Parameter als „morphologische Kennzahlen" gedeutet werden, da die Kennzahl μ den Gipfel einer Glockenkurve f(x) auf der Abszisse an der Stelle x = μ markiert und die Kennzahl σ den Wölbungsgrad einer Glockenkurve kennzeichnet.

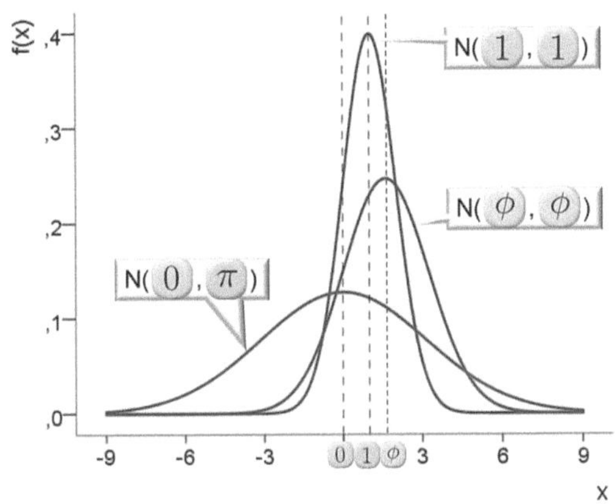


**Abb. 92: Drei Normalverteilungen**

Nicht nur im Bestreben, der Kapitelüberschrift von den numerischen Quartetten gerecht zu werden, sondern vor allem im Bestreben, die parameterspezifischen morphologischen Betrachtungen von Normalverteilungen bildhaft und augenscheinlich zu begründen, wurden in der Abbildung 92 drei hinsichtlich ihrer Parameter wohl voneinander zu unterscheidende Normalverteilungsmodelle grafisch dargestellt. Augenscheinlich markieren wegen

$$\mu = 0 < \mu = 1 < \mu = \phi \cong 1{,}618$$

die drei reellwertigen Ausprägungen des Parameters μ die Lage des Gipfels der jeweiligen Glockenkurve auf der Abszisse x und die drei reellwertigen und stets größer als null ausgeprägten Realisationen

$$\sigma = \pi > \sigma = \phi > \sigma = 1$$

des Parameters σ den Wölbungsgrad der jeweiligen Glockenkurve, der sich augenscheinlich umgekehrt proportional zur Größe des Parameterwertes verhält. Je größer bzw. kleiner der Parameterwert σ ist, umso schwächer bzw. stärker ist die Wölbung einer Glockenkurve ausgeprägt.

Während im Ensemble der drei Normalverteilungen das mit dem Etikett N(0, π) gekennzeichnete Modell durch eine vergleichsweise flache Wölbung getragen wird, ist das N(1, 1)-Modell durch eine augenscheinlich starke Wölbung gekennzeichnet. Das mit dem Etikett N(ϕ, ϕ) versehene Normalverteilungsmodell würde man hinsichtlich seiner Wölbung im skizzierten Glockenkurventrio im wahren Sinn des Wortes eher als „normal" kennzeichnen. Offensichtlich ist der Wölbungsgrad einer Glockenkurve untrennbar mit dem sogenannten statistischen Streuungsbegriff verwoben. Je flacher bzw. stärker die Wölbung einer Glockenkurve ist, umso stärker bzw. geringer streuen die zugrundeliegenden Einzelwerte um ihren mittleren Repräsentanten.

Fasst man im Sinne der Stochastik[60], die ihrem griechischen Wortursprung gemäß als „die Kunst des geschickten Vermutens" übersetzt werden kann und als wissenschaftliche Disziplin sowohl Verfahren und Modelle zur mathematischen Beschreibung von zufälligen Ereignissen mit Hilfe von Wahrscheinlichkeiten bereitstellt als auch Aussagen über deren Gesetzmäßigkeiten liefert, die Werte x als reellwertige Realisationen einer stetigen und normalverteilten Zufallsgröße X auf, dann kann man wegen

$$\mu = E(X) \text{ und } \sigma = \sqrt{V(X)} > 0$$

den Parameter μ als einen Erwartungswert E(X) und den Parameter σ in Gestalt einer radizierten Varianz V(X) als eine Standardabweichung interpretieren und die stetige Zufallsgröße X mittels der formalen und verkürzenden Notation

$$X \sim N(\mu, \sigma)$$

kennzeichnen.

---

[60] Eine elementare und paradigmatische Einführung in die Stochastik findet man unter anderem bei: i) ECKSTEIN, Peter P.: Statistik für Wirtschaftswissenschaftler, Eine realdatenbasierte Einführung mit SPSS, 5., aktualisierte und erweiterte Auflage, Springer Gabler Wiesbaden 2016, Kapitel 6, Seite 133 ff und ii) ECKSTEIN, Peter P.: Repetitorium Statistik, Deskriptive Statistik – Stochastik – Induktive Statistik, 8., aktualisierte und erweiterte Auflage, Springer Gabler Wiesbaden 2014, Teil II, Seite 175 ff.

Allein in diesem theoretischen Blickwinkel „zahlenmäßig nicht spezifizierter Parameter“ und im Hinblick auf die Abbildung 92 leuchtet es ein, dass es streng genommen nicht „die Normalverteilung“, sondern eine in ganze Familie von Normalverteilungen zu verzeichnen gilt. Besitzt man keine zahlenmäßigen Kenntnisse über die beiden Parameter, etikettiert man das zugrundliegende Modell einer Normalverteilung hinsichtlich seiner beiden Parameter als unvollständig spezifiziert. Sind jedoch analog zu den Abbildungen 89 und 90 die Parameter zahlenmäßig bestimmt oder festgelegt, dann bezeichnet man ein Normalverteilungsmodell hinsichtlich seiner Parameter als vollständig spezifiziert.

Während man in einem stochastischen Sinne den Parameter $\mu = E(X)$ als einen „auf lange Sicht und im Mittel zu erwartenden Wert“ kennzeichnet, interpretiert man im Sinne der Deskriptiven Statistik, die gemäß ihrem lateinischen Wortursprung eine Zustandsbeschreibung ist, den Parameter $\mu$ als einen „Repräsentanten der Mitte“, der für eine Menge von metrischen und normalverteilten Merkmalswerten zugleich mit dem arithmetischen Mittel, dem Median und dem Modus der Merkmalswerte identisch ist.[61]

Gleichwohl ein mathematischer Beweis dafür, dass mit

$$\int_{-\infty}^{+\infty} f(x)dx = 1$$

das uneigentliche Integral über der stetigen und nichtnegativen Funktion

$$f(x) = \frac{1}{\sigma \cdot \sqrt{2 \cdot \pi}} \cdot e^{-\frac{(x-\mu)^2}{2 \cdot \sigma^2}}$$

in den Grenzen von „minus unendlich“ bis „plus unendlich“ seinem Wert nach eins ist, nicht ohne weiteres zu begründen und zu bewerkstelligen ist, kommt dieser Aussage eine fundamentale Bedeutung zu: Eine beliebige stetige und nichtnegative Funktion f(x) mit dieser „Flächeneigenschaft von eins“ subsumiert man in der Stochastik unter dem Begriff einer Dichtefunktion.

[61] Eine elementare und paradigmatische Einführung in die Deskriptive Statistik findet man unter anderem bei: i) ECKSTEIN, Peter P.: Statistik für Wirtschaftswissenschaftler, Eine realdatenbasierte Einführung mit SPSS, 5., aktualisierte und erweiterte Auflage, Springer Gabler Wiesbaden 2016, Kapitel 5, Seite 73 ff und ii) ECKSTEIN, Peter P.: Repetitorium Statistik, Deskriptive Statistik – Stochastik – Induktive Statistik, 8., aktualisierte und erweiterte Auflage, Springer Gabler Wiesbaden 2014, Teil I, Seite 1 ff.

In der Stochastik erweist sich eine stetige Zufallsgröße X in Gestalt eines theoretischen Konstrukts zur Beschreibung zufälligen Geschehens dann und nur dann als ein praktikables und zugleich hilfreiches Analyseinstrument, wenn ihre Verteilungsfunktion

$$F_X(a) = P(X \leq a) = \int_{-\infty}^{a} f_X(x)dx$$

in ihrem grafischen Erscheinungsbild als eine monoton wachsende Funktion, die stets nur Funktionswerte $F_X(a)$ zwischen null und eins annehmen kann, durch eine reellwertige und nichtnegative Dichtefunktion $f_X(a) > 0$ mit

$$\int_{-\infty}^{+\infty} f_X(x)dx = 1$$

gegeben ist. Dichtefunktionen und Verteilungsfunktionen sind die charakteristischen Merkmale und „tragenden Säulen“ von stetigen Wahrscheinlichkeitsverteilungen, worunter auch das Modell einer Normalverteilung einzuordnen ist. Nicht nur auf dem Gebiet der Stochastik, sondern vor allem auch auf dem Gebiet der Induktiven Statistik, die gemäß ihrem lateinischen Wortursprung das Teilgebiet der Statistik ist, das den „Schluss vom Teil aufs Ganze“ zum Gegenstand hat und aus methodischer Sicht in die drei Teilgebiete der Stichproben-, der Schätz- und der Testtheorie gegliedert wird, kommt dem Modell einer Normalverteilung eine fundamentale und zentrale Bedeutung zu, die schlussendlich im sogenannten zentralen Grenzwertsatz kulminiert und begründet liegt.[62]

Der zentrale Grenzwertsatz, der auf den finnischen Mathematiker Jarl Waldemar LINDEBERG (*1876, †1932) und den französischen Mathematiker Paul LÉVY (*1886, †1971) zurückgeht, ist einer der fundamentalen Aussagen der Wahrscheinlichkeitstheorie. Er hebt die zentrale Bedeutung des Normalverteilungsmodells im Vergleich zu allen anderen theoretischen Verteilungsmodellen hervor und liefert zugleich eine theoretische Begründung dafür, dass Zufallsprozesse, die sich

---

[62] Eine elementare und paradigmatische Einführung in die Induktive Statistik findet man unter anderem bei: i) ECKSTEIN, Peter P.: Statistik für Wirtschaftswissenschaftler, Eine realdatenbasierte Einführung mit SPSS, 5., aktualisierte und erweiterte Auflage, Springer Gabler Wiesbaden 2016, Kapitel 7, Seite 211 ff und ii) ECKSTEIN, Peter P.: Repetitorium Statistik, Deskriptive Statistik – Stochastik – Induktive Statistik, 8., aktualisierte und erweiterte Auflage, Springer Gabler Wiesbaden 2014, Teil III, Seite 275 ff sowie iii) ECKSTEIN, Peter P.: Angewandte Statistik mit SPSS, Praktische Einführung für Wirtschaftswissenschaftler, 8., überarbeitete und erweiterte Auflage, Springer Gabler Wiesbaden 2016, Kapitel 3 bis 7, Seite 55 ff.

aus der Überlagerung einer Vielzahl von zufälligen Einzeleffekten ergeben, hinreichend genau durch das theoretische Modell einer Normalverteilung beschrieben werden können.

Das theoretische Modell einer Normalverteilung erweist sich zum Beispiel für die Nachbildung und Beschreibung des Bewegungsgesetzes einer stetigen Zufallsgröße X allerdings nur dann als praktikabel und hilfreich, wenn man zum Beispiel den wahrscheinlichkeitstheoretischen Betrachtungen ein Normalverteilungsmodell zugrunde legt, dass analog zur Abbildung 91 mit

$$X \sim N(\mu = 3, \sigma = 1)$$

hinsichtlich seiner Parameter als „vollständig spezifiziert" angesehen werden kann. Setzt man die beiden Parameterwerte in die Dichtefunktion

$$f(x) = \frac{1}{\sqrt{2 \cdot \pi}} \cdot e^{-\frac{(x-3)^2}{2}}$$

ein und stellt die vollständig spezifizierte Funktion f(x) im Definitionsbereich

$$0 \leq x \leq 6$$

grafisch dar, dann erhält man die auf der Banknote „Zehn Deutsche Mark" plakatierte Glockenkurve f(x), deren Gipfel „mit Hilfe eines senkrechten Lots" augenscheinlich auf der Abszisse an der Stelle x = 3 markiert werden kann. Würde man die Glockenkurve jeweils noch durch eine senkrecht auf der Abszisse stehende Linie an den beiden Stellen

$$x = \mu - \sigma = 3 - 1 = 2 \text{ und } x = \mu + \sigma = 3 + 1 = 4$$

ergänzen, dann hätte man an den beiden Stellen x = 2 und x = 4, wo die jeweilige Senkrechte die Glockenkurve schneidet, zugleich auch noch die beiden Wendepunkte der Glockenkurve sichtbar markiert.

Deutet man die auf die beiden Wendepunkte bezogene Spannweite von

$$(\mu + \sigma) - (\mu - \sigma) = 2 \cdot \sigma = 2 \cdot 1 = 2$$

als den sogenannten Ein-Sigma-Bereich

$$[\mu \pm \sigma] = [3 \pm 1] = [2, 4]$$

„von der Spannbreite 4 – 2 = 2", dann würde man unter Verwendung der vollständig spezifizierten Dichtefunktion mit Hilfe des bestimmten Integrals

$$\int_{2}^{4} f(x)dx \cong 0{,}683$$

einen Wert erhalten, der die Größe der Fläche unterhalb der Dichtefunktion f(x) und oberhalb der Abszisse x im reellwertigen Bereich von 2 bis 4 beschreibt. Im stochastischen Sinne interpretiert man diesen „Flächeninhalt" wegen

$$P(A) = P(2 \leq X \leq 4) = \int_{2}^{4} f(x)dx \cong 0{,}683$$

als die Wahrscheinlichkeit für das Eintreten eines zufälligen Ereignisses

$$A := \{2 \leq X \leq 4\},$$

das darin besteht, dass eine stetige und N(3, 1)-verteilte Zufallsgröße X Werte oder Realisationen annimmt, die sich auf mindestens 2, höchstens jedoch auf 4 belaufen.

In Anlehnung an das schwache Gesetz großer Zahlen würde man im statistischen Sinne für eine große und aus mehr als einhundert Merkmalsträgern bestehende Gesamtheit hinsichtlich eines stetigen metrischen und N(3, 1)-verteilten Erhebungsmerkmals X lakonisch vermerken, dass für 68,3 % der Merkmalsträger jeweils ein reeller Merkmalswert zwischen 2 und 4 empirisch erhoben wurde.

Erweitert man den um den Parameter $\mu = 3$ symmetrischen Streuungsbereich auf einen sogenannten Zwei-Sigma-Bereich

$$[\mu \pm 2 \cdot \sigma] = [3 \pm 2 \cdot 1] = [1, 5]$$

mit einer Spannweite bzw. Breite von

$$(\mu + 2 \cdot \sigma) - (\mu - 2 \cdot \sigma) = 4 \cdot \sigma = 4 \cdot 1 = 4 = 5 - 1,$$

dann berechnet man für das zufällige Ereignis

$$B := \{1 \leq X \leq 5\},$$

das darin besteht, dass eine stetige und N(3, 1)-verteilte Zufallsgröße X Werte von mindestens 1 und höchstens 5 annimmt, eine Wahrscheinlichkeit von

$$P(B) = P(1 \leq X \leq 5) = \int_{1}^{5} f(x)dx \cong 0{,}955.$$

Im Hinblick auf den sogenannten Drei-Sigma-Bereich

$$[\mu \pm 3 \cdot \sigma] = [3 \pm 3 \cdot 1] = [0, 6]$$

würde man unter sonst gleichen Bedingungen für das zufällige Ereignis

$$C := \{0 \leq X \leq 6\}$$

eine Ereigniswahrscheinlichkeit von

$$P(C) = P(0 \leq X \leq 6) = \int_0^6 f(x)dx \cong 0{,}997 \approx 1$$

bestimmen. Demnach ist es „nahezu sicher", dass bei Unterstellung einer stetigen und N(3, 1)-verteilten Zufallsgröße X das Ereignis C eintritt, wonach sich - von wenigen Ausnahmen abgesehen – nahezu alle möglichen Realisationen im geschlossenen Intervall von null bis sechs befinden.

Die drei paradigmatisch skizzierten wahrscheinlichkeitstheoretischen Aussagen können als eine allgemeingültige Regel, die in der Stochastik auch unter der Bezeichnung der sogenannten Drei-Sigma-Regel firmiert, wie folgt zusammengefasst werden:

Kann eine stetige Zufallsgröße X durch das theoretische Modell einer Normalverteilung beschrieben werden, wobei

$$X \sim N(\mu, \sigma)$$

gilt, dann beträgt die Wahrscheinlichkeit dafür, dass eine beliebige reellwertige Realisation a in das geschlossene Intervall

$$[\mu - k \cdot \sigma, \mu + k \cdot \sigma]$$

fällt,

$$P(\mu - k \cdot \sigma \leq X \leq \mu + k \cdot \sigma) = \begin{cases} 0{,}683 & für \quad k = 1 \\ 0{,}955 & für \quad k = 2. \\ 0{,}997 & für \quad k = 3 \end{cases}$$

Im Kontext einer paradigmatischen Darstellung des Modells einer Normalverteilung ist es unabdingbar, im Hinblick auf die Abbildung 93 das „unikate Konstrukt" der sogenannten Standardnormalverteilung kurz zu beleuchten. Allein das verbale Etikett „Standardnormalverteilung" in seiner formalen und verkürzenden Notation N(0, 1) zieht wiederum das bereits im Kapitel 3.2 paradigmatisch skizzierte statistische Verfahren einer Standardisierung auf die Bühne des konzertanten numerischen Geschehens.

Eine stetige und N(μ, σ)-verteilte Zufallsgröße X kann wegen

$$Z = \frac{X - \mu}{\sigma} \text{ und } E(Z) = 0 \text{ sowie } V(Z) = 1$$

mit Hilfe der sogenannten z-Transformation in eine stetige und N(0, 1)-verteilte Zufallsgröße Z umgewandelt werden.

Diese Transformation erweist sich nicht nur im Zuge einer vergleichenden Betrachtung unterschiedlich spezifizierter Normalverteilungsmodelle als vorteilhaft, sondern vor allem auch im Hinblick auf die Herleitung und theoretische Begründung von statistischen Schätz- und Testverfahren als substantiell und tragend. In diesem Zusammenhang dürfen keineswegs die Vorteile der Standardnormalverteilung unerwähnt bleiben, die sich vor allem in der statistischen Methodenlehre sowohl zur anschaulichen Erläuterung wahrscheinlichkeitstheoretischer Sachverhalte als auch zur Berechnung bzw. Bestimmung von interessierenden Ereigniswahrscheinlichkeiten als hilfreich erweisen, zumal man in praxi nicht zu jeder Zeit und an jedem Ort moderne und leistungsfähige Rechentechnik verfügbar hat, mit deren Hilfe man in der Regel rechenaufwändige Wahrscheinlichkeitsberechnungen bewerkstelligen kann.

Da auch für die reellwertige und nichtnegative Dichtefunktion

$$\varphi(z) = \frac{1}{\sqrt{2 \cdot \pi}} \cdot e^{-\frac{z^2}{2}}$$

der Standardnormalverteilung N(0, 1) wegen des uneigentlichen Integrals

$$\int_{-\infty}^{+\infty} \varphi(z)dz = 1$$

die Fläche unterhalb des eingipfeligen, glockenförmigen und um die Zahl Null symmetrischen Graphen φ(z) dem Wert nach eins ist, leuchtet es ein, dass die beiden zufälligen Ereignisse

$$A := \{Z < 0\} \text{ und } B := \{Z \geq 0\} \text{ wegen } P(A) = P(B) = 0{,}5$$

gleichwahrscheinlich sind. Aufgrund dessen, dass an der Stelle z = 0 die „Einserfläche" unterhalb der symmetrischen Glockenkurve φ(z) halbiert wird, kennzeichnet man den Erwartungswert E(Z) als den Median der stetigen und N(0, 1)-verteilten Zufallsgröße Z, der gemäß dem lateinischen Begriff *medianus* im statistischen Sinne „der in der Mitte stehende" Wert ist, der ein aufsteigend geordnetes Ensemble von Realisationen bzw. Merkmalswerten in zwei gleichgroße Teile bzw. in Hälften gliedert.

Im speziellen Fall einer stetigen und standardnormalverteilten Zufallsgröße Z ist analog zur Abbildung 93 die zugehörige Verteilungsfunktion

$$\Phi(z) = P(Z \leq z) = \int_{-\infty}^{z} \varphi(z)dz$$

in Gestalt eines im Wertebereich

$$0 \leq \Phi(z) \leq 1$$

monoton wachsenden und s-förmigen Graphen bildhaft dargestellt. In einschlägigen Fachbüchern und Tabellenwerken sind die Funktionswerte Φ(z) der Verteilungsfunktion der Standardnormalverteilung N(0, 1) in der Regel für alle z-Werte im Bereich von 0 bis 3,5 tabelliert.

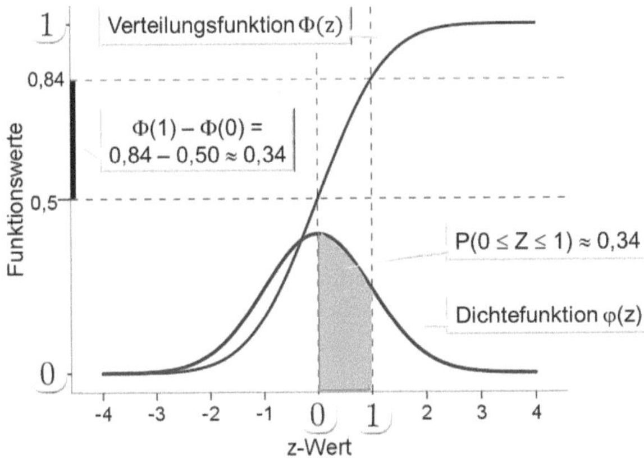


**Abb. 93: Standardnormalverteilung N(0, 1)**

Da im konkreten Fall

$$\Phi(0) = P(Z \leq 0) = \int_{-\infty}^{0} \varphi(z)dz = 0{,}5 \text{ und}$$

$$\Phi(1) = P(Z \leq 1) = \int_{-\infty}^{1} \varphi(z)dz \cong 0{,}841$$

gilt, leuchtet es intuitiv ein, dass die Wahrscheinlichkeit für das zufällige Ereignis

$$A := \{0 \leq Z \leq 1\},$$

das darin besteht, dass die stetige und N(0, 1)-verteilte Zufallsgröße Z einen Wert zwischen 0 und 1 annimmt, in ihrem Erscheinungsbild als die markierte Fläche unter der Glockenkurve wegen

$$P(0 \leq Z \leq 1) = \int_{0}^{1} \varphi(z)dz \cong 0{,}341$$

ungefähr mit 0,34 bemessen ist, ein Wert, der mit der Differenz

$$\Phi(1) - \Phi(0) = 0{,}841 - 0{,}5 \cong 0{,}341$$

aus dem Verteilungsfunktionswert $\Phi(z)$ der oberen Intervallgrenze z = 1 und dem der unteren Intervallgrenze z = 0 identisch ist.

Was ist leichter, ein bestimmtes Integral zu berechnen oder einen Funktionswert aus einer Tabelle zu entnehmen oder näherungsweise an einem s-förmigen Graphen abzulesen? Eine glaubwürdige und überzeugende Antwort erübrigt sich.

### Irrationalität und Transzendenz im Eins-Quadrat

Ein weiteres notierenswertes numerisches Quartett wird in der Abbildung 94 angeboten. Im Vergleich zur Abbildung 31 im Kapitel 2.3 wird in der Abbildung 94 die plakatierte Betrachtung von Umkehrfunktionen in Gestalt der Exponentialfunktion y = exp(x) und der Logarithmusfunktion y = ln(x) noch durch ein scheinbar banales und leicht zu übersehendes Phänomen erweitert und ergänzt:

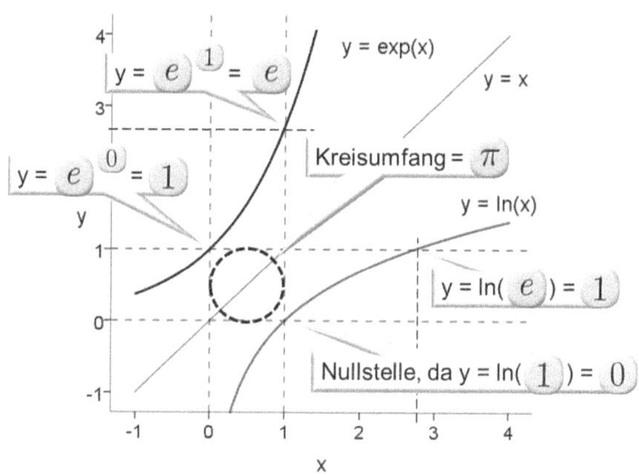


**Abb. 94: Numerisches 0-1-e-π-Quartett**

Es ist das geometrische Gebilde eines unscheinbar wirkenden Kreises im 0-1-Wertebreich bzw. im 0-1-Definitionsbereich beider Funktionen, dessen Durchmesser mit der ersten natürlichen Zahl Eins und dessen Umfang mit der irrationalen und transzendenten Konstanten π bemessen ist.

Bedient man sich im Hinblick auf die Abbildung 95 einmal der Metapher von einer Lupe, die man zur besseren Sichtbarmachung eines interessanten mathematischen Phänomens einzig und allein auf den Kreis im 0-1-Bereich der Ordinate y und der Abszisse x ausrichtet, dann erscheint in Gestalt der Diagonalen c des sogenannten Eins-Quadrats die Wurzel aus der einzigen geraden Primzahl auf der

Bühne des konzertanten numerischen Geschehens, die gleichsam wie die Eulersche Konstante e und die Kreiszahl Pi der Menge der irrationalen Zahlen zugeordnet wird. Was der „Wurzel zwei" allerdings verwehrt bleibt, ist die Zugehörigkeit zur elitären Phalanx transzendenter Zahlen, da sie „nicht übersinnlich" ist, sondern aus zahlentheoretischer Sicht als eine algebraische Zahl vom Grade zwei dargestellt werden kann.[63]

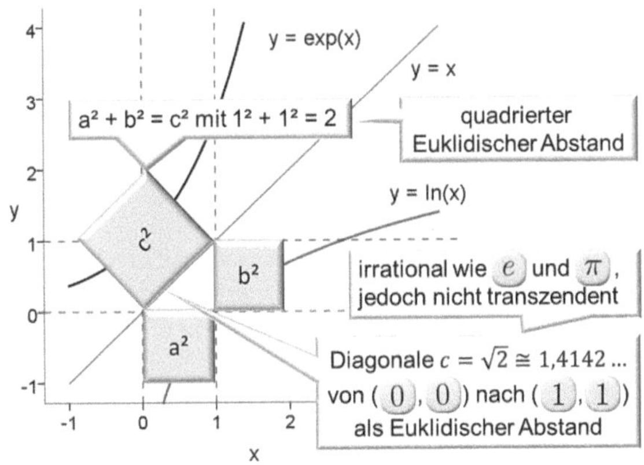


**Abb. 95: Satz des Pythagoras und Euklidischer Abstand**

In Anlehnung an die Ballade *Die Bürgschaft*[64] des bedeutenden deutschen Dichters Friedrich SCHILLER (*1759, †1805) kann man sich dabei einfach nicht des Eindrucks erwehren, als wollte diese kleine und unscheinbare Diagonale c eines „Eins-Quadrats" den beiden irrationalen und transzendenten Zahlen e und π tröstend und belehrend zugleich das folgende Statement verkünden:

*Und die Irrationalität und Transzendenz,*
*Sie sind doch kein leerer Wahn.*
*So nehmet auch mich zur Genossin an!*
*Ich sei, gewährt mir die Bitte,*

---

[63] Vgl. Brockhaus Enzyklopädie in 30 Bänden, 21., völlig neu bearbeitete Auflage, Leipzig, Mannheim 2006, Band 1, Seite 514.

[64] Im letzten Vers der Ballade „Die Bürgschaft" lässt der 1802 in den Adelsstand erhobene Friedrich von SCHILLER den König sagen: „Und die Treue, sie ist doch kein leerer Wahn, so nehmet auch mich zum Genossen an, ich sei, gewährt mir die Bitte, in eurem Bunde der dritte." Vgl. Friedrich Schiller, Sämtliche Gedichte und Balladen, Herausgegeben von Georg KURSCHEIDT, Insel Verlag Frankfurt am Main und Leipzig 2004, Seite 22.

*trotz fehlender Transzendenz*
*in eurem Bunde die dritte.*

Bereits im Kontext des Kapitels 3.3 wurde mit Hilfe der Abbildung 78 der Satz des Pythagoras paradigmatisch erläutert, worin auch die beiden Euklidischen Abstandsmaße eingeschlossen waren. Die Anwendung des Satzes des Pythagoras im Hinblick auf die Abbildung 95 ergibt nunmehr das folgende Bild:

Während in der zweidimensionalen Hyperebene die Fläche $c^2 = 2$ über der Hypotenuse als der quadrierte Euklidische Abstand vom Punkt (0, 0) zum Punkt (1, 1) interpretiert werden kann, deutet man die Gerade vom Punkt (0, 0) zum Punkt (1, 1) in Gestalt der Quadratdiagonalen mit einer Länge von

$$c = \sqrt{2} \cong 1{,}414213562\ldots$$

als einen Euklidischen Abstand.

Gleichwohl die nachfolgende Randglosse etwas skurril erscheinen mag, so ist sie vermutlich gerade deswegen interessant: Radiziert man die erste, kleinste und einzige gerade Primzahl 2, offenbart sie sich als irrational. Erst nach einer quadratischen Behandlung

$$(\sqrt{2})^2 = 2$$

wird sie wieder „fassbar und natürlich".

#### Hyperbolische Funktionen

Inwieweit die mit der Abbildung 96 „versandten Botschaften" in einem ersten Augenblick als „fassbar und einleuchtend" wahrgenommen werden können, hängt von Urteil des Lesers ab. Als „natürlich und vielfach beobachtbar" kann zumindest das Phänomen einer „hängenden Kette" aufgefasst werden, das mathematisch mit Hilfe eines sogenannten *cosinus hyperbolicus* nachgebildet werden kann, der wiederum als eine mathematische Funktion

$$y = f(x) = cosh(x) = \frac{1}{2} \cdot (e^x + e^{-x})$$

auf der irrationalen und transzendenten Eulerschen Konstanten e beruht. In Anlehnung an die lateinischen Begriffe *sinus*, *cosinus*, *hyperbolicus* und *catena* können zum Beispiel die beiden mathematischen Funktionen

$$y = \sinh(x) \text{ und } y = \cosh(x)$$

jeweils als eine „übermäßige Krümmung" und ein Katenoid als ein „kettenförmiges Gebilde" übersetzt und bildhaft gedeutet werden.

Aus historischer Sicht ist die mathematische Lösung des „Problems einer hängenden Kette“ untrennbar mit den drei auf der „Marke individual“ der Deutschen Post vermerkten Persönlichkeiten verbunden, die das sogenannte Kettenlinienproblem auf unterschiedlichen Wegen zu lösen versuchten und schlussendlich zu einer gleichen Lösung gelangten.

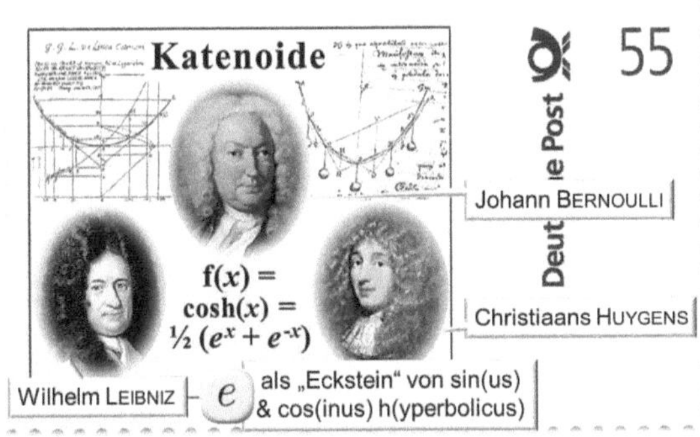


**Abb. 96: Ein Katenoid als hängende Kette**

Während der niederländische Mathematiker, Physiker, Astronom und Uhrenbauer Chistiaan HUYGENS (*1629, †1695) als erster erkannte, dass eine Kettenlinie trotz eines ähnlichen und augenscheinlichen Erscheinungsbildes keine Parabel ist, löste der deutsche Universalgelehrte Wilhelm LEIBNIZ (*1646, †1716) das Kettenlinienproblem mit Hilfe der Infinitesimalrechnung. Der Schweizer Mathematiker und Arzt Johann BERNOULLI (*1667, †1748), ein jüngerer Bruder des berühmten Mathematikers Jacob BERNOULLI (*1654, †1705), der sich erfolglos dem Kettenlinienproblem zuwandte, fand nach seines Bruders Tod eine Lösung, indem er angesichts zweier Kurven darauf verwies, dass eine Parabel algebraisch und eine Kettenlinie transzendent ist. Die formalen Funktionsbezeichnungen s(in)h und c(os)h selbst gehen auf den Jesuiten Vincenzo RICATTI (*1707, †1775) zurück, der wiederum ein Spross einer anerkannten italienischen Mathematikerfamilie war.[65]

Das in der Abbildung 97 angezeigte numerische 0-1-ϕ-e-Quartett vermittelt anhand der beiden stetigen Graphen eine bildhafte Vorstellung sowohl von einer „ungeraden“ hyperbolischen Funktion y = sinh(x), die als eine Momentaufnahme von einer linksseitig losgelösten und herabfallenden Kette aufgefasst werden

---

[65] Vgl. MAOR, Eli: e – The Story of a Number, Princeton University Press, Princeton, New Jersey 1994, Chapter 12, page 140 et sequentes.

kann, als auch von einer „geraden" hyperbolischen Funktion y = cosh(x), die einer hängenden Kette gleicht. Die in einem ersten Augenblick irritierend wirkenden Adjektive „ungerade" und „gerade" werden in der Funktionalanalysis zur verbalen Beschreibung von Symmetrieeigenschaften reeller Funktionen benutzt. Während man eine punktsymmetrische Funktion als ungerade kennzeichnet, etikettiert man eine achsensymmetrische Funktion als gerade, eine Funktionscharakteristik, die man sich anhand der Abbildung 97 bildhaft verdeutlichen kann.

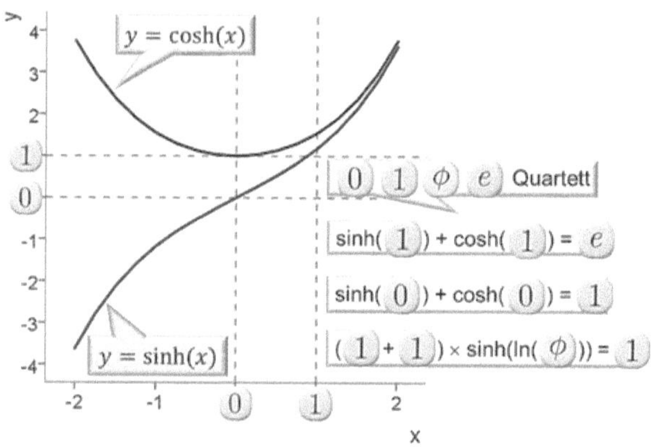


**Abb. 97: Hyperbolische Funktionen und Arithmetik**

Im konkreten Fall ist die reelle Funktion y = sinh(x) um den Punkt mit den Koordinaten (0, 0) symmetrisch und die reelle Funktion y = cosh(x) um die Ordinate y an der Stelle x = 0 symmetrisch.

Neben den Symmetrieeigenschaften sind zugleich auch noch die mit Hilfe von vier Würfelsymbolen plakatierten Arithmetiken beeindruckend, wobei man zum Beispiel im Sinne einer numerischen 0-1-Duetts die Gleichung

$$sinh(0) + cosh(0) = 1$$

allein anhand des „geraden und ungeraden" hyperbolischen Graphen lösen kann.

Dass die sogenannte gerade hyperbolische Funktion y = cosh(x) nicht nur als eine hängende Kettenlinie in Erscheinung tritt, sondern analog zur Abbildung 98 auch ein beeindruckendes architektonisches Erscheinungsbild besitzt, zeigt der eingangs der 60-er Jahre des 20. Jahrhunderts als „Jefferson National Expansion Memorial" errichtete Torbogen in der Stadt Saint Luis im US-Bundesstaat Missouri, der weltweit auch als „Gateway Arch" bekannt ist.

Die im Inneren des Gateway Arch sichtbar vermerkte reelle Funktionsgleichung

$$y = -127{,}7 \cdot \cosh\left(\frac{x}{127{,}7}\right) + 757{,}7$$

ist eine mathematische Beschreibung der Höhe und des Fußabstandes des Torbogens, die auf einer sogenannten quadratförmigen Gesamtabmessung beruhen und die man sich angesichts der Abbildung 98 wie folgt verdeutlichen kann:

**Abb. 98: Gateway Arch, St. Luis, Missouri**

Während man für die beiden um den Wert Null gleich bemessenen Fußpositionen von x = -315 und x = 315, die einen Fußabstand von

$$315 - (-315) = 315 + 315 = 630$$

ergeben, wegen

$$y = -127{,}7 \cdot \cosh\left(\frac{\pm 315}{127{,}7}\right) + 757{,}7 \cong 0$$

(von Rundungsfehlern einmal abgesehen) jeweils einen Wert von null erhält, bestimmt man an der Stelle x = 0 mit

$$y = -127{,}7 \cdot \cosh\left(\frac{0}{127{,}7}\right) + 757{,}7 = 630$$

die Höhe des Torbogens, der in den Vereinigten Staaten von Amerika mit dem nichtmetrischen Längenmaß *feet* bzw. Fuß gemessen und angeben wird. Da für das Umrechnen von Fuß (ft) in Meter(n) (m)

$$m \cong \frac{ft}{3{,}28084}$$

gilt, ergibt sich schlussendlich sowohl für die Höhe als auch für den Fußabstand des Gate Arch ein Wert von

$$\frac{630\,ft}{3{,}28084\,ft/m} \cong 192\,m.$$

Bedient man sich einmal der etwas ungewöhnlichen Metapher von einer Glocke, mit der das Kapitel 3.4 „eingeläutet“ wurde, ist diese Metapher angesichts der Abbildung 99 gleichsam geeignet, das Kapitelende von den numerischen Quartetten „einzuläuten“.

Eine andersartige und interessante Betrachtung der reellen hyperbolischen Funktion y = cosh(x) in ihrem Erscheinungsbild als eine „hängende Kette“ gewährt ihre reziproke bzw. inverse funktionale Darstellung

$$y = \frac{1}{\cosh(x)},$$

deren Graph analog zur Abbildung 99 eine um die Zahl Null symmetrische und glockenförmige Gestalt besitzt, die bezüglich dieser Eigenschaften augenscheinlich Ähnlichkeiten zum Erscheinungsbild der Dichtefunktion der Standardnormalverteilung innerhalb der Abbildung 93 erkennen lässt.

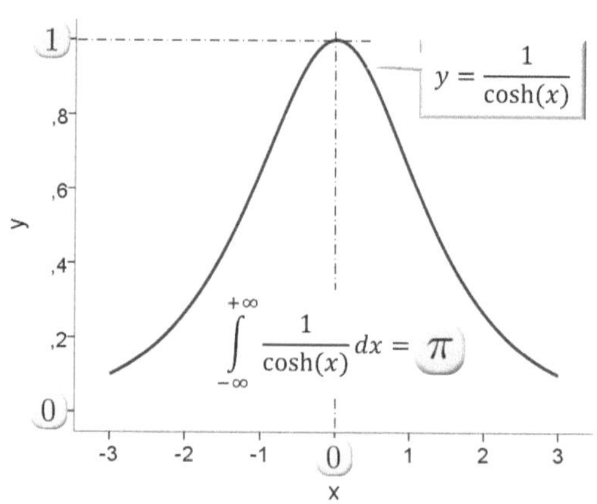


**Abb. 99: Ein faszinierendes uneigentliches Integral**

Doch halt! In Erinnerung an die eigene Studienzeit, in der man vor allem nach „trockenen Vorlesungen“ bei Mariola am Hackeschen Markt auf mehr als ein „durstlöschendes Gläschen“ ging, hätte ein alter Studienfreund in seiner bekannten und schnoddrigen Berliner Art die Abbildung 99 kurz und bündig mit einem „sieht ja normal aus, is aber nich janz dicht“ kommentiert.

Und dies zurecht! Gleichwohl morphologische Ähnlichkeiten zum Modell einer Normalverteilung im Allgemeinen und zur Standardnormalverteilung N(0, 1) im Speziellen augenscheinlich werden, kann die reelle und nichtnegative Funktion

$$y = f(x) = \frac{1}{\cosh(x)} = \frac{2}{e^x + e^{-x}}$$

nicht als eine Dichtefunktion klassifiziert werden, zumal das uneigentliche Intergral über der Funktion einen Wert liefert, der mit der irrationalen und transzendenten Kreiszahl π identisch ist.

Allein die Gipfelhöhe von y = 1 an der Stelle x = 0 ist ein numerischer Hinweis darauf, dass die Fläche unterhalb der Funktion y = f(x) und oberhalb der Abszisse x in den „uneigentlichen“ Grenzen von minus unendlich bis plus unendlich größer als eins sein muss, womit ein Ausschluss aus der elitären Phalanx stetiger Wahrscheinlichkeitsverteilungen verbunden und besiegelt ist.

Was jedoch bleibt, ist ein beeindruckendes Erscheinungsbild eines „numerischen Quartetts“ der vier auf dem Spielwürfel vermerkten Symbole 0, 1, e und π.

## 3.5 Numerische Quintette

### Eulersche Formel

Es war im Jahr 2004, als die Leser des Magazins *Mathematical Intelligencer* unter anderem danach befragt wurden, welches Theorem in der Mathematik am beeindruckendsten sei, worauf eine überwiegende Mehrheit die in der Abbildung 100 vermerkte Eulersche Formel, die auch als Eulersche Identität bezeichnet wird, mit dem Prädikat *most beautiful theorem in mathematics* versah.[66]

Dass dieses schmückende Prädikat „vom schönsten Theorem der Mathematik“ in der Abbildung 100 zudem noch von einem numerischen Quintett in Gestalt der fünf „schwarz auf weiß“ auf dem magischen Hexaeder vermerkten Würfelsymbole 0, 1, e, π und i begleitend ergänzt wurde, ist allein schon beeindruckend.

---

[66] Vgl. Mathematics, An Illustrated History of Numbers, Edited by Tom Jackson, Shelter Harbor Press, New York 2012, 45 Euler´s Identity, page 62

Die Abbildung 100 wurde zudem noch durch eine Banknote im Wert von 10 Schweizer Franken ergänzt, in deren Zentrum ein Porträt des bereits mehrfach erwähnten und gewürdigten Schweizer Mathematikers und Namensvaters der Formel Leonhard EULER (*1707, †1783) zu sehen ist.

**Abb. 100: Eulersche Formel**

### Komplexe Zahlenebene

Bereits im Kontext des Kapitels 2.6 wurde im Hinblick auf die Abbildung 39 vermerkt, dass in der Eulerschen Identität komplexe Zahlen mit der Betrachtung von trigonometrischen Funktionen in einem Einheitskreis verschmelzen.

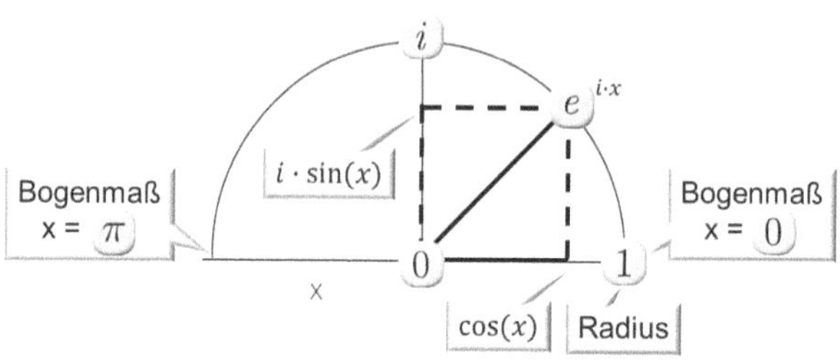


**Abb. 101: Komplexe Zahlenebene**

Demnach können sowohl im Hinblick auf die Abbildung 39 als auch im Hinblick auf die Abbildung 101 komplexe Zahlen als Koordinaten einer komplexen Zahlenebene aufgefasst werden, wobei eine Position auf der Ordinate den imaginären Teil und eine Position auf der Abszisse den realen Teil einer komplexen Zahl repräsentiert.

Um analog zur Abbildung 101 die Position eines Punktes auf dem Halbkreis mit einem Radius von $r = 1$ zu erreichen, würde man den Radius von seiner horizontalen Ausgangsposition aus mit einem Ausgangswinkel bzw. Ausgangsbogenmaß von x = 0 entgegen dem Uhrzeigersinn rotieren. In dieser rotierenden Betrachtung kann ein Punkt auf dem Einheitshalbkreis durch die Beziehung

$$e^{i \cdot x} = \cos(x) + i \cdot sin(x)$$

gekennzeichnet werden. Für die Ausgangsposition einer Radiusrotation gilt wegen eines Bogenmaßes von x = 0

$$e^{i \cdot 0} = e^{0} = 1 = \cos(0) + i \cdot \sin(0) = 1 + i \cdot 0 = 1.$$

Aufgrund dessen, dass eine Halbkreisrotation durch ein Bogenmaß von x = π gekennzeichnet werden kann, gilt

$$e^{i \cdot \pi} = \cos(\pi) + i \cdot \sin(\pi) = -1 + i \cdot 0 = -1,$$

woraus sich schließlich und endlich die in der Abbildung 100 mit Hilfe von fünf Würfelsymbolen vermerkte Eulersche Formel

$$e^{i \cdot \pi} + 1 = 0$$

„herleiten" lässt. Dass etwa im Vergleich zu denen im Kapitel 3.4 „aufgeführten" numerischen Quartetten die Anzahl der in diesem Kapitel „dargebotenen" und zudem noch „schwer verdaulichen" numerischen Quintette recht gering ausfällt, liegt wohl „in der Natur der Sache". Nicht immer und überall ist ein plausibel erklärbares und anschaulich darstellbares Zusammenspiel von fünf Akteuren im Allgemeinen und von fünf Würfelsymbolen im Speziellen gegeben.

Liebhaber klassischer Kammermusik würden an dieser Stelle zudem noch zustimmend darauf hinweisen, dass Quintette ohnehin eher seltene musikalische Ereignisse als kompositorische Massenerscheinungen sind. Während der Begründer der Wiener Klassik Franz Joseph HAYDN (*1732, †1809) allein 68 Streichquartette, jedoch nicht ein Quintett komponierte, ist in den umfangreichen musikalischen Verzeichnissen von Wolfgang Amadeus MOZART (*1759, †1791) lediglich ein Klavierquintett und in denen von Ludwig van BEETHOVEN (*1770, †1827) auch nur ein Streichquintett vermerkt. Lediglich der österreichische Komponist Franz Peter SCHUBERT (*1797, †1828), der neben den drei erwähnten genialen Musikern ein weiterer berühmter Vertreter der Wiener Klassik ist, komponierte neben vielen beeindruckenden Werken immerhin ein Streichquintett in C-Dur und ein Klavierquintett in A-Dur, das unter dem Namen „Forellen-Quintett" allbekannt ist.[67]

---

[67] Vgl. Brockhaus Enzyklopädie in 30 Bänden, 21., völlig neu bearbeitete Auflage, Leipzig, Mannheim 2006, Band 3, Seite 70, Band 13, Seite 152, Band 19, Seite 46 und Band 24, Seite 475 ff.

## 3.6 Numerische Sextette

### Multiplikative Identität

Als ein erstes anschauliches und leicht nachvollziehbares numerisches Sextett, das man auch mit dem Etikett „multiplikative Identität" versehen kann, wird in der Abbildung 102 angeboten.

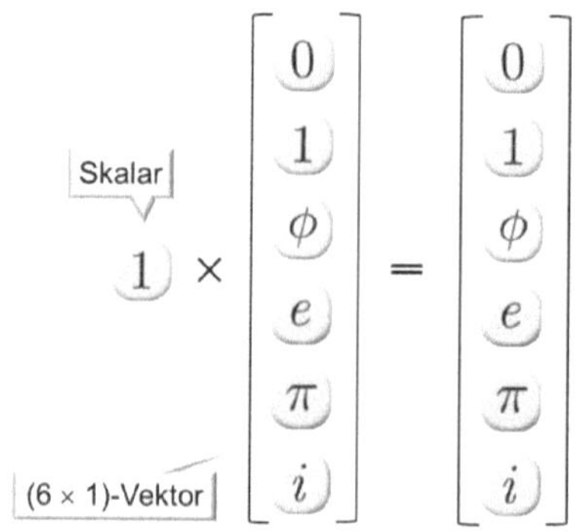


**Abb.: 102: Multiplikative Identität**

Die Eigenschaft einer multiplikativen Identität wird der ersten und kleinsten natürlichen Zahl Eins zugewiesen, da wegen

$$1 \cdot n = n \cdot 1 = n$$

das Produkt aus der Zahl 1 und einer beliebigen Zahl n stets mit dem Faktor n identisch ist.

Deutet man analog zur Abbildung 102 und in Anlehnung an die lineare Algebra die Zahl Eins als einen Skalar und das Ensemble der sechs Symbole des magischen Spielwürfels als einen Spaltenvektor vom Typ (6 × 1), dann bleibt der Spaltenvektor in einer multiplikativen Verknüpfung mit dem Skalar Eins sowohl in seiner Dimension als auch im Hinblick auf seine sechs Elemente unverändert und in diesem Sinne mit sich selbst „identisch".

### Diskrete Gleichverteilung

Ein zweites gleichfalls anschauliches und vor allem aus statistisch-methodischer Sicht interessantes numerisches Sextett wird in der Abbildung 103 in Gestalt einer sogenannten diskreten Gleichverteilung offeriert.

Die Grundidee einer diskreten Gleichverteilung, die im gegebenen Fall eine diskrete Wahrscheinlichkeitsverteilung ist, lässt sich anhand des „magischen“ Spielwürfels wie folgt motivieren und paradigmatisch erläutern:

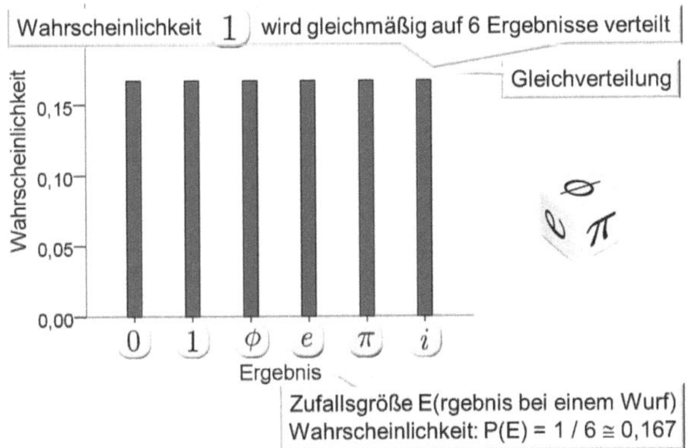


**Abb. 103: Diskrete Gleichverteilung**

Unter der Annahme, dass der plakatierte Spielwürfel ein „idealer“ und kein „gezinkter“ Spielwürfel ist, beträgt die Wahrscheinlichkeit dafür, dass nach einem Wurf das zufällige Ereignis E eintritt, wonach eines der sechs Würfelsymbole „oben erscheint“, wegen

$$P(E) = \frac{1}{6} \cong 0{,}167.$$

Bedient man sich im Hinblick auf das Stabdiagramm innerhalb der Abbildung 103 einmal des folgenden skurril anmutenden Gleichnisses von einer „Gießkanne“, mit deren Hilfe man die gesamte Wahrscheinlichkeitsmasse von eins gleichmäßig auf die sechs Würfelsymbole verteilt, dann würde jedes Würfelsymbol eine gleiche Wahrscheinlichkeitsmasse von einem Sechstel zugewiesen bekommen. In der Wahrscheinlichkeitstheorie subsumiert man diese Art der Berechnung bzw. Bestimmung einer Wahrscheinlichkeit unter dem sogenannten klassischen Wahrscheinlichkeitsbegriff, der auf den französischen Physiker und Mathematiker Pierre Simon Marquis le Comte LAPLACE (*1749, †1827) zurückgeht und als sogenannte Laplace’sche Wahrscheinlichkeit vereinfacht wie folgt verbal formuliert werden kann: Die klassische bzw. Laplace-Wahrscheinlichkeit

$$P(E) = \frac{n(E)}{n(\Omega)}$$

ist der Quotient aus der Anzahl n(E) der für ein zufälliges Ereignis E günstigen und gleichmöglichen Elementarereignisse $E_i$ mit i = 1, 2,…, n und der endlichen Anzahl n(Ω) = n aller gleichmöglichen Elementarereignisse $E_i$. Während das Symbol Ω (lies: *Groß-Omega*) eine nichtleere Ergebnismenge kennzeichnet, deutet man wegen $E \subseteq \Omega$ ein zufälliges Ereignis als eine Teilmenge der Ergebnismenge Ω und ordnet es einem sogenannten Laplace'schen Ereignisfeld zu, indem alle denkbar möglichen Ereignisse zusammengefasst sind.

Der Anschaulichkeit und Nachvollziehbarkeit halber soll für das Ereignis

$$E = \{\phi \quad e \quad \pi\}$$

die Laplace'sche Wahrscheinlichkeit bestimmt werden, welches darin besteht, dass beim einmaligen Werfen des „magischen" Spielwürfels „das Irrationale in Erscheinung tritt", indem entweder die irrationale Zahl ϕ oder die irrationale Zahl e oder die irrationale Zahl π auf dem Würfel „zufällig oben erscheint". Da sich das interessierende zufällige Ereignis E als eine Vereinigungsmenge

$$E = E_1 \cup E_2 \cup E_3$$

aus den drei einelementigen Elementarereignissen

$$E_1 = \{\phi\}, E_2 = \{e\} \text{ und } E_3 = \{\pi\}$$

darstellen lässt, die sich als disjunkte oder elementefremde Ergebnismengen

$$E_1 \cap E_2 = \emptyset, E_1 \cap E_3 = \emptyset, E_2 \cap E_3 = \emptyset$$

paarweise gegenseitig ausschließen und daher gemeinsam nicht auftreten können, berechnet man letztlich wegen

$$n(E) = 3, \Omega = \{0 \quad 1 \quad \phi \quad e \quad \pi \quad i\} \text{ und } n(\Omega) = 6$$

eine klassische bzw. Laplacesche Ereigniswahrscheinlichkeit von

$$P(E) = \frac{n(E)}{n(\Omega)} = \frac{3}{6} = 0{,}5.$$

In Hinblick auf die elementaren wahrscheinlichkeitstheoretischen Betrachtungen im Kontext des Kapitels 3.2 würde man in Anwendung des Kolmogorovschen Additionsaxioms für die drei disjunkten und gleichwahrscheinlichen Elementarereignisse wegen

$$P(E) = P(E_1) + P(E_2) + P(E_3) = \frac{1}{6} + \frac{1}{6} + \frac{1}{6} = \frac{3}{6} = 0{,}5$$

zu einem gleichen Ergebnis gelangen.

Doch trifft diese im Sinne Mephistos „graue Theorie“ [68] auch in der Realität zu? Hat man da in Erinnerung an die eigene Kindheit vor allem hinsichtlich des Würfelspiels „Mensch, ärgere Dich nicht“, bei dem man nach einem ärgerlichen Rauswurf partout keine Sechs würfelte und so nicht wieder ins Spiel kam, nicht immer noch das ungute Gefühl, dass mit dem benutzten Spielwürfel doch etwas nicht in Ordnung war, ja sogar, dass er womöglich gezinkt gewesen sein könnte?

### Chi-Quadrat-Anpassungstest auf eine Gleichverteilung

Da man in der Regel keinerlei Kenntnisse über die Beschaffenheit eines verfügbaren Spielwürfels besitzt, man also nicht weiß, ob er „ideal“ oder „gezinkt“ ist, bleibt einem keine andere Wahl, als mittels einer Zufallsstichprobe gleichsam wie ein „statistischer Detektiv“ mit Hilfe eines geeigneten statistischen Tests auf einem vorab vereinbarten Signifikanzniveau diesen „ungewissen“ Sachverhalt zu überprüfen, indem man sich letzten Endes entweder für die Annahme einer sogenannten Ausgangshypothese $H_0$ oder für ihre Ablehnung und damit für eine Akzeptanz einer sogenannten Alternativhypothese $H_1$ entscheiden muss.

Ein geeignetes und in der Induktiven Statistik häufig appliziertes Testverfahren ist der sogenannte Chi-Quadrat-Anpassungstest[69], der seinem Wesen nach ein Ein-Stichproben-Verteilungstest ist und auf dem theoretischen Wahrscheinlichkeitsmodell einer sogenannten Chi-Quadrat-Verteilung beruht.

In Anlehnung an die Abbildung 104 kann wegen

$$\int_{0}^{+\infty} f_{\chi^2}(t)dt = 1$$

eine Chi-Quadrat-Verteilung als eine Wahrscheinlichkeitsverteilung charakterisiert werden, die nur für positive Werte $\chi^2$ (lies: *Chi-Quadrat*) definiert ist, in der Regel durch einen asymmetrischen Verlauf der Dichtefunktion augenscheinlich

---

[68] Johann Wolfgang von GOETHE (*1749, †1822) lässt in Faust, Der Tragödie erster Teil, in der Studierzimmerszene Mephistopheles zum Schüler sagen: „Grau, teurer Freund, ist alle Theorie und grün des Lebens goldener Baum“.

[69] Realdatenbasierte Anwendungen eines Chi-Quadrat-Anpassungstests für verschiedene Verteilungsmodelle findet man unter anderem bei: i) ECKSTEIN, Peter P.: Statistik für Wirtschaftswissenschaftler, Eine realdatenbasierte Einführung mit SPSS, 5., aktualisierte und erweiterte Auflage, Springer Gabler Wiesbaden 2016, Kapitel 7.3.2, Seite 250 ff und ii) ECKSTEIN, Peter P.: Repetitorium Statistik, Deskriptive Statistik – Stochastik – Induktive Statistik, 8., aktualisierte und erweiterte Auflage, Springer Gabler Wiesbaden 2014, Kapitel 20.2.1, Seite 314 ff sowie iii) ECKSTEIN, Peter P.: Angewandte Statistik mit SPSS, Praktische Einführung für Wirtschaftswissenschaftler, 8., überarbeitete und erweiterte Auflage, Springer Gabler Wiesbaden 2016, Kapitel 3.1.2, Seite 72 ff.

wird und als einen alleinigen Parameter die Anzahl der Freiheitsgrade df besitzt. Die Abbreviatur df beruht auf dem englischen Begriff *degrees of freedom* und indiziert, dass es nicht „die“ Chi-Quadrat-Verteilung, sondern in Abhängigkeit von den Freiheitsgraden df eine ganze Familie von Chi-Quadrat-Verteilungen gibt.

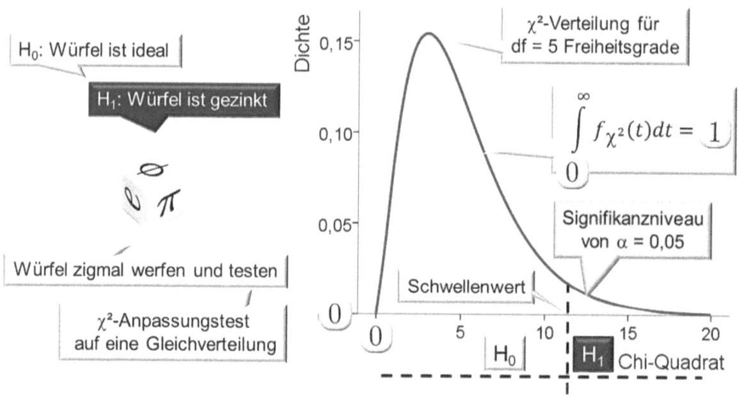


**Abb. 104: Nullhypothese $H_0$ versus Alternativhypothese $H_1$**

Das Modell einer Chi-Quadrat-Verteilung, das in der einschlägigen Literatur auch unter dem Namen Helmert-Pearson-Verteilung firmiert, geht auf den deutschen Mathematiker Friedrich Robert HELMERT (*1843, †1917) zurück und verdankt seine breite Anwendung als eine sogenannte Prüfverteilung dem englischen Statistiker Karl PEARSON (*1857, †1936), dem wiederum die Idee eines Chi-Quadrat-Tests zuzuschreiben ist.

Um im Gegensatz zu Mephisto seine Studenten davon zu überzeugen, dass eine „graue Theorie“ nicht nur in einen „grünen“, sondern zugleich auch in einen „goldenen Baum der Erkenntnis“ verwandelt werden kann, führt ein Professor gemeinsam mit den Studierenden in einer seiner Vorlesungen zur Statistik das folgende Zufallsexperiment durch: Der im Zentrum aller bisherigen Betrachtungen stehende ungewöhnliche Spielwürfel wird von Vorlesungsteilnehmern unabhängig voneinander und unter gleichen Versuchsbedingungen mittels eines Würfelbechers und einer festen Unterlage jeweils einmal geworfen und das erzielte Ergebnis notiert. In der Abbildung 105 ist das SPSS Ergebnisprotokoll des praktizierten Zufallsexperiments aus dem Sommersemester 2015 zusammengefasst.

Die in der Häufigkeitstabelle aufgelisteten Befunde können zum Beispiel wie folgt interpretiert werden: Das Würfelergebnis E in Gestalt der Zahl Null wurde nach n = 60 unabhängigen Würfen

$$n_0 = n(E = 0) = 8$$

mal beobachtet. Unter der Ausgangs- bzw. Nullhypothese $H_0$ des Werfens eines idealen Würfels hätte das Ergebnis E = 0 theoretisch und erwartungsgemäß

$$n_0^e = n \cdot P(E = 0) = 60 \cdot \frac{1}{6} = 10$$

mal erscheinen müssen, sollen oder können. Offensichtlich ist wegen

$$Residuum = n_0 - n_0^e = 8 - 10 = -2$$

das Würfelergebnis „Null" bei insgesamt 60 Würfen zweimal weniger erschienen, als es theoretisch bei Unterstellung gleicher Chancen für jedes Würfelergebnis hätte erscheinen müssen. Gemäß seinem lateinischen Wortursprung kennzeichnet ein Residuum einen Rest bzw. eine Abweichung von dem, was man einerseits beobachtet und andererseits erwartet hat. Analog sind die restlichen Analysebefunde zu interpretieren.

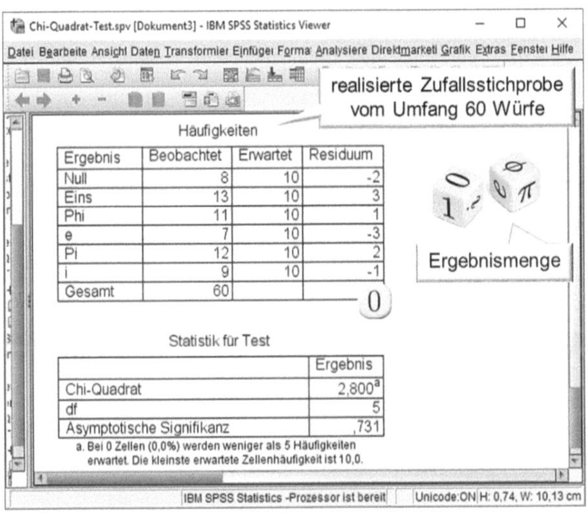


Häufigkeiten

| Ergebnis | Beobachtet | Erwartet | Residuum |
|---|---|---|---|
| Null | 8 | 10 | -2 |
| Eins | 13 | 10 | 3 |
| Phi | 11 | 10 | 1 |
| e | 7 | 10 | -3 |
| Pi | 12 | 10 | 2 |
| i | 9 | 10 | -1 |
| Gesamt | 60 | | |

Statistik für Test

| | Ergebnis |
|---|---|
| Chi-Quadrat | 2,800[a] |
| df | 5 |
| Asymptotische Signifikanz | ,731 |

a. Bei 0 Zellen (0,0%) werden weniger als 5 Häufigkeiten erwartet. Die kleinste erwartete Zellenhäufigkeit ist 10,0.

**Abb. 105: Chi-Quadrat-Anpassungstest**

Beachtenswert sind dabei drei scheinbar triviale, jedoch markante und zugleich allgemeingültige Befunde: Während sowohl die Summe der BEOBACHTETen als auch die Summe der ERWARTETen absoluten Häufigkeiten mit der Anzahl der Versuche, also mit dem sogenannten Stichprobenumfang identisch ist, ergibt die Summe der Residuen einen Wert von null, ein numerischer Befund, der nicht nur in der statistischen Methodenlehre, sondern auch im realen Leben in Erscheinung tritt und oft zu beobachten ist: Obgleich im Einzelfall Abweichungen zu konstatieren sind, verschwinden sie in einer gesamten Betrachtung. In dieser Hinsicht scheint die Zahl Null wieder in ihrem „absorbierenden Element" zu sein.

An dieser Stelle leuchtet der Lösungsvorschlag von PEARSON ein, indem man dem wenig hilfreichen residualen Nullsummenspiel mit der Berechnung eines sogenannten Chi-Quadrat-Wertes „aus dem Wege geht", der seinem Wesen nach ein normiertes und aggregiertes Maß für die Abweichungen der beobachteten von den erwarteten absoluten Häufigkeiten ist und im konkreten Fall einen Wert von

$$\chi^2 = \frac{(8-10)^2}{10} + \frac{(13-10)^2}{10} + \cdots + \frac{(9-10)^2}{10} = 2{,}8$$

ergibt. Bei Gültigkeit der Nullhypothese $H_0$, bei der man von einem „idealen Würfel" ausgeht, würde die im Bereich der positiven reellen Zahlen definierte Größe Chi-Quadrat den „idealen" Wert Null annehmen und damit natürlich auch jegliche residualen Abweichungen als „null und nichtig" erklären.

Die Frage, die sich in diesem Zusammenhang unwillkürlich aufdrängt, ist die nach einer plausiblen und nachvollziehbaren Bewertung des berechneten Wertes von 2,8. Ist dieser aus der realisierten Zufallsstichprobe vom Umfang n = 60 entlehnte Wert bereits als ein alarmierender Hinweis auf einen „gezinkten Spielwürfel" zu werten oder ist dieser Wert nur das Resultat „eines freien Spiels des Zufalls"?

Zur Beantwortung beider Fragen erweist sich ein detaillierter Blick auf die Abbildung 104 als hilfreich. Die asymmetrische und im Bereich der positiven reellen Zahlen definierte Dichtefunktion einer Chi-Quadrat-Verteilung mit df = 5 Freiheitsgraden und einem „Flächeninhalt von eins" wurde mit Hilfe eines sogenannten Schwellenwertes in seinem Erscheinungsbild als ein sogenanntes Quantil

$$\chi^2_{0,95} \cong 11{,}07$$

derart zweigeteilt, dass wegen

$$\int_0^{11,07} f_{\chi^2}(t)dt = 0{,}95$$

der sogenannte $H_0$-Bereich mit einer Wahrscheinlichkeit von 0,95 und der sogenannte $H_1$-Bereich in logischer Konsequenz mit einer Wahrscheinlichkeit von

$$\alpha = \int_{11,07}^{+\infty} f_{\chi^2}(t)dt = 0{,}05$$

gekennzeichnet und assoziiert werden kann.

In der statistischen Testtheorie wird eine mit dem Etikett α (lies: *Alpha*) versehene Wahrscheinlichkeit als ein vorab vereinbartes Signifikanzniveau gekennzeichnet und im Hinblick auf eine zu treffende Testentscheidung als eine Irrtumswahrscheinlichkeit bzw. als ein Fehler erster Art interpretiert. Diese irrtumsbezogene Interpretation erklärt sich daraus, dass man bei einem Signifikanztest einen Fehler begehen kann, der darin besteht, dass man eine Ausgangshypothese $H_0$ verwirft, obgleich sie richtig ist. Da eine Fehlerwahrscheinlichkeit möglichst gering sein sollte, leuchtet es intuitiv ein, warum man in der Induktiven Statistik eine Testentscheidung stets auf einem vorab zu vereinbarenden und in der Regel kleinen Signifikanzniveau trifft.

Aufgrund dessen, dass wegen

$$\chi^2 = 2{,}8 < \chi^2_{0,95} \cong 11{,}07$$

der aus dem realisierten Zufallsstichprobenbefund innerhalb der Abbildung 105 berechnete sogenannte Testvariablenwert von 2,8 augenscheinlich kleiner als der sogenannte Schwellenwert von 11,07 ist, besteht im Sinne einer „klassischen" Testentscheidung kein Anlass, die Ausgangs- bzw. Nullhypothese $H_0$ zu verwerfen.

In einschlägigen Fachbüchern liegen sogenannte Schwellenwerte für bestimmte Prüfverteilungen und Signifikanzniveaus als spezielle Quantile tabelliert vor. Mit Hilfe des Statistik-Programm-Pakets *IBM SPSS Statistics* kann man das in der Testentscheidung als ein Schwellenwert fungierende Quantil der Ordnung p = 0,95 einer Chi-Quadrat-Verteilung für df = 5 Freiheitsgrade mittels der sogenannten Quantilsfunktion bzw. der sogenannten *Inverse Distribution Function*

$$Quantil = IDF.CHISQ(0.95,5) = 11{,}07$$

bestimmen.

In diesem Zusammenhang ist es geboten, das nicht immer sofort einleuchtende und theoretisch nicht ganz so einfache Problem der für eine Testentscheidung verfügbaren Freiheitsgrade im Kontext eines Chi-Quadrat-Anpassungstests auf eine diskrete Gleichverteilung paradigmatisch zu erläutern: Für das Zufallsexperiment wurden im Vorfeld n = 60 unabhängige Würfe eines gleichen Würfels vereinbart und somit gleichsam der Umfang n der Zufallsstichprobe festgeschrieben. Gleich, wie man sich die absoluten Häufigkeiten dieser n = 60 Würfe zufallsbedingt auf die sechs möglichen Ergebnisse verteilt denken mag (dies ist auch ein Grund dafür, warum man die sechs absoluten Häufigkeiten in der Spalte BEOBACHTET eine absolute Häufigkeitsverteilung nennt), man hat letztlich immer nur insgesamt 6 – 1 = 5 freiwählbare Möglichkeiten, für sie (zumindest gedanklich) beliebige Werte festzulegen. Hat man „in freier Wahl“ für fünf beobachtete absolute Häufigkeiten jeweils einen beliebigen Wert festgelegt, etwa in Gestalt der natürlichen Zahlen 8, 13, 7, 12, 9, die im konkreten Fall mit den ersten zwei und den letzten drei empirisch beobachteten absoluten Häufigkeiten aus der Tabelle innerhalb der Abbildung 105 übereinstimmen, dann leuchtet es sofort ein, dass unter den vereinbarten Bedingungen die absolute Häufigkeit für das Würfelergebnis $\phi$ „nicht mehr frei wählbar“ ist und wegen

$$n_{\phi} = 60 - (8 + 13 + 7 + 12 + 9) = 11$$

nur noch den Wert 11 annehmen kann und muss. Dieser Vorgang des (zumindest gedanklich) freien Wählens von fünf Summanden bei einer festgelegten Summe aus sechs Summanden verdeutlicht exemplarisch den statistischen Begriff der df = 5 verfügbaren Freiheitsgrade.

Zu einem gleichen Testergebnis gelangt man in Anwendung des sogenannten p-value-Konzepts, das auf den englischen Statistiker Sir Ronald Aylmer FISHER (*1890, †1962) zurückgeht und vor allem in modernen Software-Paketen zur Anwendung kommt.

Während man im Zuge einer „klassischen“ Testentscheidung einen Testvariablenwert mit einem Schwellenwert vergleicht, beruht eine „p-value-basierte“ Testentscheidung auf einem Vergleich eines sogenannten empirischen Signifikanzniveaus $\alpha^*$, das aus einem realisierten Zufallsstichprobenbefund berechnete wurde, mit einem vorab vereinbarten Signifikanzniveau $\alpha$. Die Bezeichnung *p-value-concept* erklärt sich aus einem Vergleich zweier *probability values*, die sowohl ein empirisches als auch ein vereinbartes Signifikanzniveau ihrem Wesen nach sind.[70] Da gemäß Abbildung 105 im konkreten Fall

$$\alpha^* = 0{,}731 > \alpha = 0{,}05$$

gilt, besteht gemäß dem p-value-Konzept nach FISHER kein Anlass, die Ausgangshypothese von einem „idealen Würfel“ zu verwerfen.

Dass die beiden in praxi üblichen Testentscheidungskonzepte logisch miteinander verwoben sind, kann man sich wiederum anhand der Abbildung 105 verdeutlichen, indem man den aus der realisierten Zufallsstichprobe berechneten Testvariablenwert von 2,8 als ein Quantil einer Chi-Quadrat-Verteilung mit df = 5 Freiheitsgraden deutet, das die Fläche unterhalb der Dichtefunktion „mit einem Flächeninhalte von eins“ zweiteilt, wobei wegen

[70] Vgl. SALSBURG, David: The Lady Tasting Tea, How Statistics Revolutionized Science in the Twentieth Century, 1st Holt Paperbacks Edition New York 2002, page 111

$$\alpha^* = \int_{2,8}^{+\infty} f_{\chi^2}(t)dt = 0,731$$

der augenscheinlich größere Flächenanteil von 0,731 oberhalb des Quantils bzw. Testvariablenwertes von 2,8 zu liegen kommt. Demnach sind zum einen ein Testvariablenwert und ein empirisches Signifikanzniveau und zum anderen ein Schwellenwert und ein vorab vereinbartes Signifikanzniveau „miteinander verwandt bzw. verwoben".

Unabhängig davon, ob man als ein „statistischer Detektiv" im Zuge einer statistischen Testentscheidung den klassischen Weg geht oder sich des p-value-Konzepts bedient, man hat im konkreten Fall mit der Beibehaltung der Ausgangshypothese „von einem idealen Würfel" allerdings keinen Nachweis dafür erbracht, dass dieser auch wirklich „ideal" ist. So, wie zum Beispiel gemäß dem Grundsatz *in dubio pro reo* ein Gericht „zu Gunsten eines Angeklagten" und „aus Mangel an Beweisen" von einer Unschuldsvermutung ausgeht, so hält man in der Induktiven Statistik „aus Mangel an Abweichungen eines Beobachtungsbefundes von einer Ausgangshypothese" an dieser fest, ohne damit allerdings ihre Gültigkeit oder Richtigkeit empirisch nachgewiesen zu haben. Im Hinblick auf die Abbildung 105 deutet man die empirisch beobachteten Befunde als „ein freies Spiel des Zufalls" und geht „aus Mangel an residualen Abweichungen" davon aus, dass der benutzte Spielwürfel im wahrscheinlichkeitstheoretischen Sinne als „ideal" angesehen werden kann. Von einem Beweis kann und darf dabei nicht die Rede sein.

Lediglich in einem angenommenen Fall, dass ein Testvariablenwert einen Schwellenwert überschreitet, was im p-value-Konzept mit einem empirischen Signifikanzniveau einhergeht, dass kleiner als ein vorgegebenes Signifikanzniveau ist, würde man eine Ausgangshypothese verwerfen und eine zugehörige Alternativhypothese annehmen bzw. akzeptieren. Nur in einem solchen Fall könnte man eine Testentscheidung auch wahrscheinlichkeitstheoretisch mit einem vorab vereinbarten Signifikanzniveau begründen, indem man etwa bei einem Signifikanzniveau von 0,05 unter sonst gleichen Bedingungen erwartungsgemäß davon ausgehen kann, dass man in einhundert vergleichbaren Experimenten erwartungsgemäß fünfmal eine falsche Entscheidung trifft und eine Ausgangshypothese verwirft, obgleich sie richtig ist. Dies ist eine weitere plausible Erklärung dafür, warum man ein vorab vereinbartes Signifikanzniveau als eine Irrtumswahrscheinlichkeit interpretiert und kennzeichnet.

### Ein numerischer Absacker

Da aller guten Dinge drei sind, soll schließlich und endlich (Gott sei Dank!) mit der Abbildung 106 ein drittes und letztes numerisches Sextett dargeboten werden, dass wohl eher erheiternd als ernüchternd wirkt und bestens geeignet ist, einen „numerischen Absacker" zu symbolisieren.

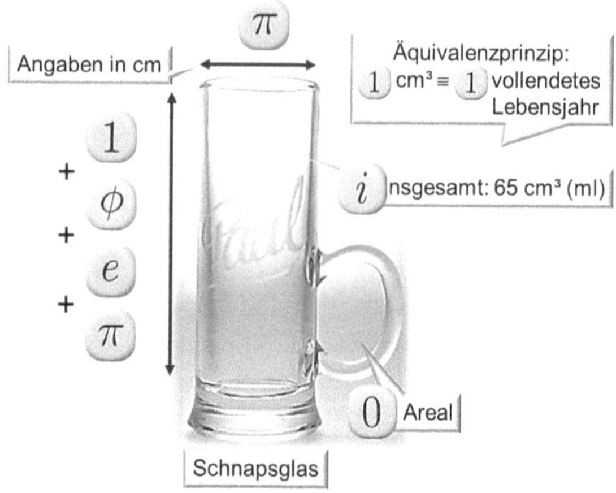


**Abb. 106: Ein numerischer Absacker**

In der Tat gleicht nicht nur der Henkel des Schnapsglases dem Symbol der Zahl Null, sondern das „imaginäre" Volumen des Schnapsglases ist wegen

$$i = \frac{\pi}{4} \cdot \pi^2 \cdot (1 + \phi + e + \pi)$$

immerhin mit rund 65 cm³ zudem auch noch ein geeignetes und äquivalentes Maß, um mit der Familie, alten Freunden und geschätzten Kollegen allerdings nicht mit einem imaginären numerischen, sondern mit einem wohlbekömmlichen Absacker auf den Eintritt ins Pensionsalter anzustoßen.

## Pareto-Diagramm

Und wie es bei Statistikern so üblich ist, werden schließlich und endlich alle im Kontext des dritten Kapitels angebotenen numerischen Erscheinungsbilder im Hinblick auf die Häufigkeit ihres Auftretens empirisch erfasst, ordinal, also „dem Range nach" absteigend geordnet und analog zur Abbildung 107 in einem sogenannten Pareto-Diagramm bildhaft dargestellt.

Die Idee eines sogenannten Pareto-Diagramms, das seinem Wesen nach ein ordinales Häufigkeitsdiagramm ist, geht auf den italienischen Nationalökonomen und Statistiker Vilfredo PARETO (*1848, †1923) zurück.

Demnach sind im Rahmen der allein im dritten Kapitel angebotenen Betrachtungen die Zahlen Null und Eins zweifelsfrei als die häufigsten auf dem ungewöhnlichen Spielwürfel vermerkten Symbole in Erscheinung getreten. Im Vergleich dazu sind die drei irrationalen Konstanten e, Pi und Phi hinsichtlich ihres Auftretens eher zurückhaltender gewesen. Dass die imaginäre Einheit in ihren augenschcinlich seltenen Auftritten vermutlich auch noch stiefmütterlich behandelt wurde, liegt auf der Hand und verwundert eigentlich nicht.

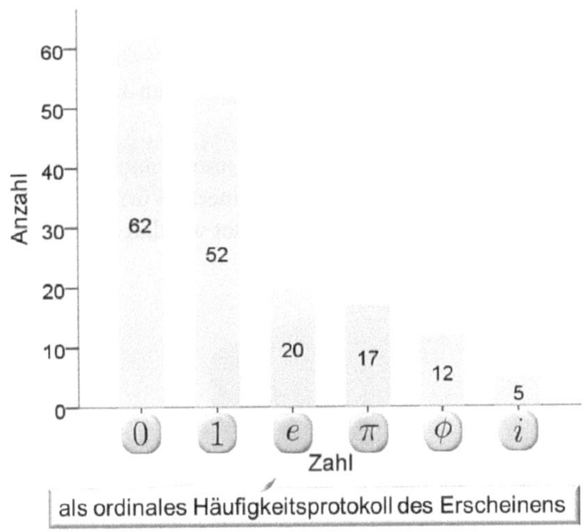


**Abb. 107: Pareto-Diagramm**

Einmal unterstellt, dass der im Pareto-Diagramm indizierte numerische Häufigkeitsbefund das Resultat eines Zufallsexperiments von insgesamt

$$62 + 52 + 20 + 17 + 12 + 5 = 168$$

voneinander unabhängigen Würfen des in Rede stehenden Spielwürfels wäre, dann würde man ohne weitere aufwändige statistische Betrachtungen allein anhand des Bildes den „statistischen Schluss ziehen“, dass mit dem Würfel etwas nicht in Ordnung ist.

Zumindest bleibt ein Trost: Die Zahl Null als der Inbegriff des Nichts wird mit dem konzertanten Siegeskranz geschmückt und stellt damit die umgangssprachliche Floskel von „null und nichtig“ zumindest in einem rein deskriptiven statistischen Sinne in Frage.

## L



## M



## N

## O



## P

## T



## U



## V